Mosaik Neue Naturführer

Schmetterlinge

und Raupen Europas

John Still

Mosaik

Die Originalausgabe erschien 1996
unter dem Titel *Wild Guide Butterflies and Moths* bei
HarperCollins Publishers Ltd, London

Aus dem Englischen von Dr. Kerstin Mahlke
Projektleitung der deutschen Ausgabe:
Elisabeth Keller, Mosaik Verlag München

Einbandgestaltung: Design Team München
Einbandfoto: Silvestris/Brockhaus
Satz: Typographischer Betrieb W. Biering/H. Numberger, München

Bildnachweis:
Alle Fotos von Paul Sterry außer:
From Nature Photographers: FV Blackburn 45; Ken Blamire 11, 39, 46, 53, 68, 70, 77, 80, 107, 127, 136, 146, 147, 169, 170, 188; SC Bisserot 36, 94, 105, 111, 119, 126, 163, 177, 183, 184, 226, 232, 245; Mark Bolton 28; Derek Bonsal 32, 156; B Burbidge 240; Robin Bush 15, 18, 29, 30, 33, 66, 73, 84, 88, 90, 92, 110, 117, 118, 122, 132, 135; Kevin Carlson 34, 101, 114, 116, 174, 225; NA Callow 13, 55, 72; Colin Carver 48, 51: Bob Chapman 160, 171, 201, 211, 218, 147, 248; Hugh Clark 166, 227, 231; AJ Cleare 54; Geoff Du Feu 87, 178, 180; EA Janes 27, 83; LG Jessup 89, 202; Anthony Wharton 24, 96. From Archmain Ltd.: Jim Asher 20, 62, 63, 65, 85, 98, 125, 137, 149; Tony Hoare 19, 21, 37, 52, 67, 71, 74, 109, 129, 143. From NHPA: AP Barnes 189; Stephen Dalton 179; Martin Garwood 165. From Natural Science Photos: J D Bradley 239; Nigel Charles 57, 61, 91, 93, 112, 133; SB Haraj 159; Adrian Hosking 12, 115, 140; Richard Revels 205, 207, 212, 216,219; PH and SL Ward 200, 213, 223; M Chinery 123, 172, 185, 209, 230; EA Dean/FLPA 161; Wildlife Matters 99, 145; Peter Wilson/Natural Image 43, 97, 128; B Yates-Smith 23, 47, 49, 56, 60, 69, 76, 100, 106, 121, 139, 142, 234, 242, 244

Printed in Hong Kong
ISBN 3-576-11344-4

Vorwort

Was macht Schmetterlinge so populär? Mit Ausnahme der Vögel wurden über sie mehr Bücher geschrieben als über alle anderen Mitglieder des Tierreichs. In Garten-, Foto- und Tiermagazinen ist erklärt, wie man diese Insekten anlockt, fotografiert oder beobachtet. Auch in den Tiersendungen im Fernsehen sind sie regelmäßig zu Gast. Jedes Land besitzt zumindest ein Schmetterlings»zentrum« (einen abgeschlossenen Garten, in dem man tropische Schmetterlinge besichtigen kann) oder eine Schmetterlings»farm« (wo Schmetterlinge gezüchtet und beobachtet werden).

Was haben sie, was andere Tiere nicht haben? Offensichtlich sind sie schön anzusehen. Viele Tagfalter haben leuchtende, bunte Muster, die ihre Anziehungskraft erklären. Nachtfalter dagegen gelten als langweilige, graubraune Geschöpfe. Aber stimmt das wirklich? Der Braune Bär z.B. kann sich in puncto Schönheit durchaus mit einem Tagfalter messen. Allerdings erschließt sich die interessante Musterung oft erst bei genauem Hinsehen. Man muß berücksichtigen, daß diese Falter meist am Tage ruhen und daher Färbungen brauchen, die grau und braun sind oder sich an den Untergrund anpassen, so daß sie sich gut verstecken können.

Außerdem sind Schmetterlinge allgegenwärtig, d.h., sie sind leicht zu beobachten. Raupen in Gefangenschaft aufzuziehen benötigt sehr wenig Platz, und daher sind sie auch in Schulen ein ideales Studienobjekt.

Die Formen, Größen und Farben der Schmetterlinge sind außerordentlich vielfältig. Jede Imago unterscheidet sich von den anderen, und bevor sie schlüpft, durchläuft sie zu unterschiedlichen Zeiten im Jahr verschiedene Entwicklungsstufen, die sich wiederum voneinander unterscheiden. Jede Imago und jede Raupe ernährt sich anders. Diese Vielfalt bedeutet, daß die Arten nicht miteinander konkurrieren müssen, und das hat mehr als alles andere dazu beigetragen, daß Schmetterlinge - wie die meisten anderen Insekten – zu den erfolgreichsten Lebensformen unseres Planeten gehören.

Was sind Schmetterlinge?

Im 18. Jahrhundert entwickelte der schwedische Naturforscher Carl Linné ein System, mit dem sich die Tierwelt in Gruppen wie Säugetiere, Reptilien, Insekten usw. einteilen läßt. Jede dieser Gruppen unterteilte er dann weiter, so daß man z. B. bei den Insekten die **Ordnungen** Libellen, Käfer, Schmetterlinge usw. unterscheidet. Diese Gruppierungen werden dann weiter in **Familien** eingeteilt, z. B. Schwalbenschwänze, die sich aus den einzelnen **Spezies** (Arten) zusammensetzen. Dieses von allen Naturforschern verwendete System aus lateinischen Namen bezeichnet man als **Klassifizierung**. Auf der Welt gibt es etwa 20 000 Tagfalterarten und etwa 150 000 andere Schmetterlingsarten, so daß sie nach den Käfern die zweitgrößte Insektengruppe sind.

Schmetterlinge haben wie die meisten Insekten drei Paar Beine und ein Paar **Antennen**. An ihrem Körper unterscheidet man den Kopf, den **Thorax** und das **Abdomen**. Ihre Flügel sind mit winzigen Schuppen bedeckt, die jeweils nur eine Farbe haben. Sie sind wie Dachziegel zu Reihen angeordnet und geben im Ganzen betrachtet den Flügeln die erstaunlichsten Musterungen.

Was unterscheidet einen Tag- von einem Nachtfalter? Die Antwort lautet: nichts! Diese Einteilung ist ohne wissenschaftlichen Wert. Tagfalter sind gewöhnlich tagsüber aktiv, haben keulenförmige Antennen und falten ihre Flügel in Ruhestellung über dem Rücken zusammen. Die übrigen Schmetterlinge haben in der Regel gerade oder kammförmige Antennen, halten ihre Flügel flach, und sie sind am Tage oder nachts aktiv. Manche falten aber auch ihre Flügel über dem Rücken, genauso wie es Tagfalter mit flachgefalteten Flügeln gibt.

Der **Lebenszyklus** der Schmetterlinge umfaßt vier Stadien: **Ei**, **Raupe**, **Puppe** und **Imago**. Die Umwandlung, die in der Puppe stattfindet, bezeichnet man als **Metamorphose**. Bei allen Schmetterlingsarten dauert der Lebenszyklus unterschiedlich lange. So kann eine im hohen Norden Europas lebende Art wegen des sehr kurzen Sommers zwei Jahre für ihre Entwicklung brauchen. Eine am Mittelmeer beheimatete Art vollendet dagegen möglicherweise ihren Lebenszyklus zwei- oder dreimal im Jahr. Jede neue Brut wird als **Generation** bezeichnet.

In Europa müssen die Schmetterlinge **überwintern**. Dies erfolgt aber nicht immer unbedingt im selben Stadium des Lebenszyklus. Der Baumweißling überwintert beispielsweise als Raupe, wohingegen der Kleine Fuchs den Winter als Imago verbringt. In sehr heißen Sommern treten besonders die am Mittelmeer beheimateten Falter in ein Ruhe-

stadium ein, bis das Wetter kühler wird. Man bezeichnet es als **Ästivation**.
Schmetterlinge besitzen viele Feinde, und die verschiedenen Arten haben unterschiedliche Strategien entwickelt, um nicht als Frühstück oder Mittagessen für einen vorüberfliegenden Vogel oder einen anderen Freßfeind dienen zu müssen. Hauptsächlich geschieht dies durch **Tarnung**, durch Verschmelzen des Tieres mit einem Hintergrund aus Blättern oder Rinde. Darin sind besonders die nachtaktiven Schmetterlinge gut. Manche Arten, wie die Blutströpfchen, sind giftig. Sie warnen ihre Feinde mit hellen Farben, daß sie nicht sehr gut schmecken. Haare oder Dornen an manchen Raupen erschweren es den Vögeln, sie zu fressen. Einige Raupen leben zusammen in großen Gespinsten, die sich über mehrere Blätter erstrecken, und kommen nur zum Fressen heraus. Die Raupen der meisten Bläulinge werden von Ameisen geschützt. Dafür stellen sie eine süße, klebrige Flüssigkeit her, die wiederum die Ameisen fressen. Raupen einiger Schwärmerarten tragen falsche Augen am vorderen Körperabschnitt. Bei Gefahr ziehen sie den kleinen Kopf zurück. Das anschwellende Vorderende wirkt nun wie eine kleine Schlange mit großen Augen.
Zur Verpuppung nutzen Schmetterlingsraupen alle nur erdenklichen Möglichkeiten. Manche spinnen sich einen Kokon, andere graben sich in den Boden ein. Bei den Puppen ist der Typ der »Mumie« weit verbreitet. Der schlüpfende Falter muß die Puppe mit einer Erhöhung des Druckes der Körperflüssigkeit im Kopfbereich sprengen. Die Flügel sind nach dem Schlüpfen noch nicht gleich einsatzfähig. Sie müssen erst mit Blutflüssigkeit (Hämolymphe) und Luft aufgepumpt werden und trocknen. Dabei härten sie.
Die Flügel kennzeichnen die Schmetterlinge in besonderem Maße. Sie tragen – wenige ausgenommen, bei denen sie zurückgebildet sind – staubfeine, dachziegelartig geformte Schuppen. Diese Schuppen sind auch die Träger der Farben. Je nach Anordnung und Schuppendichte kommen dadurch die so bewundernswert vielfältigen Muster der Schmetterlingsflügel zustande. Es gibt zwei Typen von Beschuppung: Solche, die echte Farbstoffe eingelagert tragen, und solche, die durch Lichtbrechung in hauchdünnen, luftgefüllten Schichten (Lamellen) das einfallende Licht brechen. Dadurch entsteht der wunderbare Schiller.
Die Flügel der Schmetterlinge dienten ursprünglich der Aufwärmung des Körpers. Viele Falter richten sie frühmorgens so aus, daß sie möglichst viel Sonnenwärme aufnehmen. Die eingelagerten Farbstoffe verbessern dabei die Wärmeaufnahme.

Schmetterlinge gibt es in großer Mannigfaltigkeit. Die Größen reichen von wenigen Millimetern bis zu mehr als handtellergroßen Faltern. Die weitaus größere Artenvielfalt entwickelten nachtaktive Schmetterlinge. Die weitgehend nachtaktiven Schwärmer sind in der Mehrzahl große, kräftige Schmetterlinge, zu denen die besten Flieger unter den Insekten zählen, wie der Windenschwärmer oder der Totenkopfschwärmer. Tag- und nachtaktiv sind die vielfach giftigen Bären. Durch ihren Artenreichtum zeichnen sich die Familie der Eulenfalter sowie die Familie der Spanner aus. Dazu kommen noch viele Kleinschmetterlinge, die ungerechtfertigterweise oft nur als Motten bezeichnet werden. Die Kleinschmetterlinge zeigen die größte Bandbreite in der Nahrungs- und Lebensraumwahl. Dies sind nur einige Beispiele für die unendliche Vielfalt, die diese Insekten hervorgebracht haben. Mit diesem Buch werden Sie noch weit mehr entdecken.

Wie man dieses Buch benutzt

In Europa gibt es mehr als 500 Tagfalterarten und mehrere tausend Arten anderer Schmetterlinge. Das erschwert die Entscheidung, welche Arten in ein Buch dieser Größe aufgenommen werden sollten. Dieses Buch ist aber, wie die übrigen dieser Reihe, hauptsächlich für Anfänger gedacht, und da es leicht zu benutzen sein soll, wurden nur die häufigsten der in Europa beheimateten Schmetterlinge ausgewählt. Die weniger häufigen Arten (auch wenn sie schöner anzusehen sein sollten) und die **Wanderfalter**, die aus anderen Kontinenten zu uns kommen, wurden weggelassen, damit Sie Ihre Entdeckungen leichter identifizieren können.
Am Kopf jeder Seite sind der deutsche und der wissenschaftliche Name der Familie aufgeführt, zu der der entsprechende Schmetterling gehört. Die Silhouetten neben den Familiennamen sollen Ihnen dabei helfen, sich zu orientieren. Sie stellen die allgemeine Form und Farbe der Familie dar, zu der die Art auf der jeweiligen Seite gehört.
Das Sonnen- oder Mondsymbol zeigt an, zu welcher Tageszeit der Schmetterling aktiv ist. In manchen Fällen gilt beides.
Die **Fotografie** auf jeder Seite zeigt den Schmetterling so, wie Sie ihn in der Regel in der Natur beobachten. Beispielsweise sitzt der Kleine Waldportier fast immer mit zusammengefalteten Flügeln, wie Sie ihn auf dem Foto sehen. Wenn Weibchen und Männchen sehr unterschiedlich aussehen, kann die Betrachtung der Unterseite (des Schmetterlings

mit geschlossenen Flügeln), wie sie in der **Zeichnung** abgebildet ist, oft zur Identifizierung beitragen. Die Zeichnungen zeigen meist Ober- und Unterseite (die Unterseiten sind mit einem ▲ markiert). Wenn die Geschlechter gleich aussehen, ist die Raupe abgebildet.

Nicht alle Schmetterlinge sind leicht zu bestimmen. Dieses Buch zeigt nur die **Hauptform**, aber es kann auch **Varianten** (andere Rassen) geben. Manchmal gibt es mehrere **Unterarten**, bei denen die unterschiedliche Färbung bereits im Erbgut festgelegt ist. Der Platz reicht zwar nicht zur Vorstellung jeder Unterart, aber wenn möglich, sind sie doch im Text erwähnt. Zu allem Überfluß gibt es noch **jahreszeitliche Varianten**, bei denen die Sommergeneration einer Art ganz anders aussieht als die Frühjahrsgeneration, z. B. beim Landkärtchen.

Im Haupttext ist beschrieben, in welchem Teil oder welchen Teilen Europas und in welchem **Lebensraum** (Landschaftstyp) man den Schmetterling am ehesten findet. Die Raupe ist beschrieben, wenn keine Abbildung vorhanden ist. Es wird erwähnt, ob es mehr als eine Generation pro Jahr gibt, und Sie finden andere nützliche und interessante Informationen. Der Nebentext gibt wichtige Informationen über den Schmetterling auf einen Blick:

Spannweite: Das Maß von Flügelspitze zu Flügelspitze bei ausgebreiteten Flügeln.

Beschreibung: Eine kurze Zusammenfassung der Farben und Zeichnungen jeder Art sowie hervorstechende Merkmale, die die Bestimmung erleichtern.

Überwinterung: Das Stadium des Lebenszyklus, in dem der Schmetterling den Winter verbringt. Die Dauer der Überwinterung hängt von den Wetterbedingungen ab. Ein kalter Herbst zieht eine frühe Überwinterung nach sich, ein warmer Frühling läßt den Falter eher aufwachen.

Flugzeit: Die Jahreszeit, in der man die Imago umherfliegen sieht.

Fraßpflanzen der Raupe: Die Pflanzen, an denen man die Raupe entdecken kann. Manchmal sind es jedoch sehr viele, so daß man gut suchen muß.

Ähnliche Arten: Eine andere Art in diesem Buch, die leicht mit der beschriebenen Art verwechselt werden kann.

Schließlich gibt es noch die **Zeitleiste**, die auf einen Blick die Monate zeigt, in denen die Imago beobachtet werden kann. Dazu gehören im Gegensatz zur Flugzeit auch die Wintermonate, die einige Arten als Imago verbringen. Jetzt müssen Sie nur noch losgehen und nach Ihrem ersten Schmetterling Ausschau halten.

Wo findet man Schmetterlinge?

Man beginnt die Suche am bestem im eigenen Garten oder im nächsten Park. Sie werden sehen, daß Schmetterlinge von bestimmten Blüten angelockt werden, aus denen sie leicht den Nektar saugen können. Dies sind nicht unbedingt große und schöne Blüten wie Rosen und Dahlien. Wahrscheinlich finden Sie nicht sehr viele verschiedene Arten, da nur wenige Schmetterlinge in die Städte gezogen sind. Zahlreiche Falter, wie die Bläulinge und Feuerfalter, leben in kleinen Kolonien und fliegen nie sehr weit von dem Ort weg, an dem sie geboren wurden. Andere, z. B. der Distelfalter, fliegen dagegen weite Strecken und bleiben nie lange an demselben Ort. Diese Arten werden Sie wahrscheinlich zuerst entdecken.

Die Nachtfalter sind weit schwieriger zu finden, da sie sich tagsüber verstecken. Man sucht sie am besten an Bäumstämmen oder Umzäunungen. Nachts werden sie sehr leicht von Lichtern angelockt. Sehen Sie deshalb am Morgen in der Nähe von Straßenlaternen und an Hauseingängen nach, die nachts beleuchtet waren.

Es ist einfacher, die Nachtfalter in der Nacht zu beobachten, wenn die entsprechenden Pflanzen in Ihrem Garten wachsen. Der Schmetterlingsstrauch wirkt z. B. genauso anziehend auf Tagfalter wie auf Nachtfalter. Eine andere Methode ist, ein weißes Tuch mit einer Taschenlampe anzuleuchten und so die Falter anzulocken.

Die Haltung der Imago in Gefangenschaft ist äußerst schwierig, da sie viel Platz zum Fliegen und Sonnenlicht zum Wärmen benötigt. Raupen dagegen können ohne Probleme gehalten werden. Ein Marmeladenglas reicht völlig aus, man muß nur jeden Tag neues Futter hineingeben. Es darf nie im Sonnenlicht stehen, da dies die Raupen töten würde.

Wenn Sie die Schmetterlinge in Ihrer Nachbarschaft gut kennengelernt haben, sind Sie vorbereitet für eine Exkursion in andere Lebensräume.

Lebensraum und Konservierung

Nachtfalter sind genügsame Insekten. Da sie nachtaktiv sind, brauchen sie kein Sonnenlicht, und ihre Raupen fressen oft an vielen verschiedenen Pflanzen, so daß sie keine speziellen Lebensräume benötigen. Die Tagfalter sind dagegen Spezialisten. Manche mögen den kühlen Schatten und das gedämpfte Sonnenlicht der Wälder, andere bevorzugen die offenen Flächen von Wiesen und Heide. Alle Tagfalter können nur dort existieren, wo die Fraßpflanzen ihrer Raupen wachsen, wodurch sie manchmal nur **stellenweise** oder **örtlich** (d.h. nur in geeigneten Gebieten) **häufig** sind. Der Dukatenfalter benötigt Ampfer, eine sehr häufige Pflanze, liebt aber feuchte Plätze in der Nähe von Bächen. Daher kommt er nur dort vor, wo man den Lebensraum und die Pflanze findet. Sie müssen also verschiedene Lebensräume aufsuchen, um neue Schmetterlingsarten zu entdecken.

Die erste Methode der Naturforscher, sich Schmetterlingen zu nähern, war das Sammeln. Dazu gehörte das Töten der Insekten und das Ausbreiten der Flügel, bis die Körper ausgetrocknet waren. Die so präparierten Tiere ließen sich in mit Glas abgedeckten Schubladen lagern und viele Jahre konservieren. Im Museum »Alexander König« in Bonn sind viele Hunderte dieser Präparate zu besichtigen, einige sind sehr alt.

Es gibt eine Reihe von Leuten, die Schmetterlinge sammeln. Besonders seltene Arten wechseln für viel Geld den Besitzer. Da sich die meisten Menschen inzwischen aber Sorgen um das Artensterben machen und für die Bewahrung der Natur eintreten, tritt ein langsamer Wechsel zur Fotografie ein – eine sehr anstrengende, aber auch lohnende und manchmal frustrierende Sammelmethode.

Schmetterlinge benötigen wie alle wild lebenden Tiere jede erdenkliche Hilfe, wenn sie überleben sollen. Man kann ihnen z.B. helfen, indem man ihre Fraßpflanzen in seinem Garten anbaut. In Europa sind allein sechs Tagfalterarten sowie eine Reihe der übrigen Schmetterlinge auf die Große Brennessel als Fraßpflanze angewiesen. Wenn man also diese Pflanze an einer geschützten, sonnigen Stelle wachsen läßt, wird man im nächsten Sommer mit einem Garten voller Schmetterlinge belohnt.

Fachbegriffe

Abdomen: Der Hinterleib der Insekten

Antennen: Die Fühler der Insekten. Bei manchen Spinnern und Spannern sind sie groß und kammartig gefiedert: Die Männchen »erriechen« damit einen von den Weibchen abgegebenen Sexuallockstoff

Ästivation: Sommerruhe

Generation: Entwicklung eines Tieres durch alle Stadien. Es gibt Arten mit einer oder mehreren Generationen im Jahr und Arten, die für eine Generation mehrere Jahre brauchen

Gürtelpuppe: Die Puppe wird in der Mitte von einem Gürtel gehalten

Habitat: Der Lebensraum einer Art

Habitus: Das allgemeine Aussehen des Tieres

Imago: Die ausgewachsene Form des Schmetterlings nach der vollständigen Umwandlung

Kokon: Von der Raupe gesponnenes Schutzgehäuse, in dem sie sich verpuppt

Metamorphose: Vollständige Umwandlung. Anschließend sieht das Insekt völlig anders aus als vorher

Mimese: Verbergetracht. Das Tier verschmilzt mit seiner Umgebung

Mimikry: Nachahmung giftiger oder für Feinde gefährlicher Formen

Mundwerkzeuge: Bei der Imago meist ein Saugrüssel, der mehr als körperlang sein kann und zur Nahrungsaufnahme durch Muskeln und Flüssigkeitsdruck ausgestreckt wird. Die Raupe hat zum Kauen ausgerüstete Mundwerkzeuge

Schuppen: Kompliziert gebaute, leicht abstreifbare, ursprüngliche Haare

Sommergrüne Bäume: Verlieren im Herbst ihre Blätter

Stürzpuppe: Die Puppe ist am Hinterende frei aufgehängt

Thorax: Der Brustbereich mit den Beinpaaren

Verpuppung: Das Stadium zwischen Raupe und Schmetterling, in dem sich die eine in den anderen umwandelt

Wanderfalter: Gute Flieger, die Wanderungen mit zum Teil dem Vogelzug vergleichbaren Strecken durchführen

Warntracht: Signalisiert, daß der Schmetterling ungenießbar ist. Die Tiere werden von Vögeln oder Amphibien nur einmal aufgenommen und sofort wieder ausgespien

J	F	M	A	M	J
J	A	S	O	N	D

Malven-Dickkopffalter

Carcharodus alceae

Spannweite:
2,3–3 cm

Beschreibung:
Grundfarbe braun marmoriert, 3 kleine, weiße Bänder bilden unterbrochenes Dreieck auf den Vorderflügeln, Unterseite viel heller. Hinterflügel eingekerbt. Beide Geschlechter gleich

Überwinterung:
Raupe

Flugzeit:
Frühjahr bis Spätsommer

Fraßpflanzen der Raupe:
Malve und verwandte Pflanzen

Ähnliche Art:
Dunkler Dickkopffalter

Dieser recht verbreitete Schmetterling kommt an warmen, trockenen und blütenreichen Hängen in Mittel- und Südeuropa vor. Die Eiablage erfolgt in wärmeren Gebieten zwei-, manchmal dreimal pro Jahr. In kälteren Gebieten (an höheren Berghängen) werden nur einmal Eier abgelegt, die Imago schlüpft gegen Juni. Die Raupen fressen hauptsächlich nachts und verpuppen sich in Laubstreu.

Raupe

J	F	M	A	M	J
J	A	S	O	N	D

Heilziest-Dickkopffalter

Carcharodus flocciferus

Spannweite:
2,5–3 cm

Beschreibung:
Braun marmorierte Grundfarbe mit weißlichen Flecken, Unterseite viel heller. Deutlicher Haarbüschel unter dem Vorderflügel. Hinterflügel leicht eingekerbt. Geschlechter gleich

Überwinterung:
Raupe

Flugzeit:
Sommer

Fraßpflanzen der Raupe:
Andorn *(Marrubium)* und Ziest *(Stachys)*

Ähnliche Art:
Carcharodus lavatherae

Dieser Schmetterling ist in Mittel- und Südeuropa in trockenem, blütenreichem Grasland und anderen unebenen, offenen Gebieten, vorwiegend im Hügelland und in Bergregionen bis 2000 m, verbreitet. Im Tiefland ist er weit seltener. Wie bei den meisten Dickkopffaltern schützt sich die Raupe durch ein oder zwei zusammengezogene Blätter. Sie frißt vermutlich nachts.

J	F	M	A	M	J
J	A	S	O	N	D

Carcharodus lavatherae

Spannweite:
2,5–3,2 cm

Beschreibung:
Grundfarbe braun bis olivbraun marmoriert mit weißen Flecken und Streifen. Leicht erkennbar an pfeilförmigen, weißen Flecken am Rand der Hinterflügel. Unterseite sehr hell, Hinterflügel eingekerbt. Geschlechter gleich

Überwinterung:
Raupe

Flugzeit:
Frühsommer

Fraßpflanze der Raupe:
Ziest *(Stachys)*

Ähnliche Art:
Heilziest-Dickkopffalter

Dieser Falter ist in Mittel- und Südeuropa verbreitet, aber sehr ortsgebunden. Er lebt gewöhnlich im trockenen, blütenreichen Grasland von Kalkhängen bis etwa 1500 m. Eine Eiablage pro Jahr ist üblich, sehr selten erfolgen zwei. Die Raupe lebt in der typischen Hülle aus einem oder zwei Blättern und wandert im Spätfrühling zu Boden, um sich im Laubstreu zu verpuppen.

J	F	M	A	M	J
J	A	S	O	N	D

Bunter Dickkopffalter

Carterocephalus palaemon

Spannweite:
2,2–2,8 cm

Beschreibung:
Dunkelbraun mit dunkelorangegelben Flecken. Unterseite viel heller. Flecken hellbraun abgesetzt. Geschlechter gleich

Überwinterung:
Raupe

Flugzeit:
Spätfrühling bis Frühsommer

Fraßpflanzen der Raupe:
Gräser, besonders Trespen *(Bromus)*

Diesen weitverbreiteten, aber ortsgebundenen Schmetterling findet man hauptsächlich in offenem Waldland und waldnahen Wiesen in Nordost- und Zentraleuropa. Die Raupe lebt in einer Röhre, die aus einem Grashalm besteht. Ausgewachsene Raupen überwintern in dieser Grashülle und verpuppen sich im Frühling in einem Kokon unter Gräsern. Die Imago klappt in Ruhe die Flügel über dem Rücken zusammen.

Raupe

J	F	M	A	M	J
J	A	S	O	N	D

Dunkler Dickkopffalter

Erynnis tages

Spannweite:
2,3–2,6 cm

Beschreibung:
Dunkelgraubraun. Dunklere Flecken bilden zwei undeutliche Bänder auf den Vorderflügeln. Kleine, weiße Punkte in sauberer Reihe an den Flügelrändern. Unterseite hell mit weißen Punkten. Geschlechter gleich, Weibchen etwas heller

Überwinterung:
Raupe

Flugzeit:
Spätfrühling bis Frühsommer

Fraßpflanzen der Raupe:
Hornklee *(Lotus)* und Verwandte

Ähnliche Art:
Malven-Dickkopffalter

Dieser mottenähnliche Schmetterling ist in Europa mit Ausnahme des hohen Nordens verbreitet. Er bevorzugt sonnige, blumenreiche Böschungen und Hänge bis etwa 2000 m. In Ruhe faltet die Imago ihre Flügel auf in für Motten typischer Weise eng um den Körper. Die Raupe lebt in einer Hülle aus zusammengezogenen Blättern und verpuppt sich im Frühling in einem Kokon.

Raupe

J	F	M	A	M	J
J	A	S	O	N	D

Kommafalter

Hesperia comma

Spannweite:
2,5–3 cm

Beschreibung:
Orangebraun mit dunkelbraunen Säumen. Helle Flecken, beim Weibchen deutlicher. Männchen leicht an schwarzem Geschlechtsmal auf den Vorderflügeln zu erkennen. Bei beiden Geschlechtern Unterseite hellolivbraun mit silberweißen Flecken

Überwinterung:
Ei

Flugzeit:
Sommer

Fraßpflanzen der Raupe:
Gräser, besonders Schafsschwingel *(Festuca)*

Ähnliche Art:
Ockergelber Dickkopffalter

Dieser Falter ist in Europa weitverbreitet, aber nur in Gebieten mit Kalkböden zu finden. Dort bevorzugt er beweidete Grasflächen und Hänge bis etwa 2500 m. Die olivgrüne Raupe hat einen großen, schwarzen Kopf und frißt hauptsächlich nachts. Den Tag verbringt sie in einer Hülle aus einem zusammengerollten Grashalm. Sie stellt zur Verpuppung am Boden einen groben Kokon her.

links Männchen
rechts Weibchen

J	F	M	A	M	J
J	A	S	O	N	D

Spiegelfleck-Dickkopffalter

Heteropterus morpheus

Spannweite:
3–3,5 cm

Beschreibung:
Dunkelbraun mit orangegelben Flecken am Vorderrand der Vorderflügel. Unterseite der Vorderflügel ähnlich den Hinterflügeln mit schwarz umrandeten, weißen Flecken auf gelbem Grund

Überwinterung:
Raupe

Flugzeit:
Sommer

Fraßpflanzen der Raupe:
Verschiedene Gräser

Dieser Schmetterling kann wegen der typischen »Spiegelflecken« auf seiner Unterseite mit keiner anderen europäischen Art verwechselt werden. Man findet ihn in Mitteleuropa sowie im Norden und Westen Frankreichs. Er bevorzugt offenes Waldland, aber auch trockene und feuchte Wiesen, hauptsächlich im Tiefland. Die Raupe ist gräulichweiß, mit schwarzen und weißen Streifen und braunem Kopf.

links Männchen
rechts Weibchen

J	F	M	A	M	J
J	A	S	O	N	D

Ockergelber Dickkopffalter

Ochlodes venatus

Spannweite:
2,5–3,2 cm

Beschreibung:
Oberseite sehr ähnlich dem Kommafalter, aber Weibchen viel dunkler gefleckt. Unterseite ebenfalls ähnlich, aber ohne silberne Flecken

Überwinterung:
Raupe

Flugzeit:
Sommer

Fraßpflanzen der Raupe:
Verschiedene Gräser

Ähnliche Art:
Kommafalter

Dieser verbreitete Schmetterling fehlt nur in den nördlichen Regionen Europas. Man findet ihn an Grashängen, Wald- und Wegrändern bis etwa 2000 m Höhe. Die grüne Raupe ist am Rücken dunkler grün gestreift und an den Seiten gelb. Der Kopf ist dunkelbraun. Sie verpuppt sich in einem Kokon unter Grashalmen. Im Süden können bis zu drei Eiablagen erfolgen. Der Falter fliegt von Ende Mai bis Mitte August. Die Raupe überwintert.

Männchen

Weibchen

J	F	M	A	M	J
J	A	S	O	N	D

Würfel-Dickkopffalter

Pyrgus alveus

Spannweite:
2,5–3 cm

Beschreibung:
Dunkelgraubraun mit weißen Flecken auf den Vorderflügeln. Unterseite ähnlich. Hinterflügel hellgrünlichbraun mit großen weißen Flecken. Weibchen ähnlich, größer

Überwinterung:
Raupe, in Skandinavien Ei

Flugzeit:
Spätfrühling bis Sommer

Fraßpflanzen der Raupe:
Fingerkräuter *(Potentilla),* Brombeerstrauch *(Rubus)* und verwandte Arten

Ähnliche Art:
Schwarzbrauner Würfeldickkopffalter

Dies ist ein Schmetterling der Bergregionen, der im Flachland, auf den Britischen Inseln und in Nordskandinavien fehlt. Am häufigsten ist der Würfel-Dickkopffalter auf Blumenwiesen kaum unter 1000 m Höhe oder über 2000 m Höhe anzutreffen. Die grüne Raupe hat einen dunklen, fast schwarzen Kopf und frißt hauptsächlich nachts. Der Würfel-Dickkopffalter verpuppt sich in einem dürftigen Kokon am Boden unter Laubstreu.

Männchen

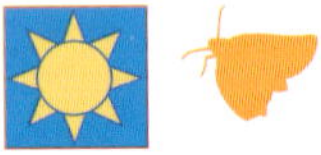

J	F	M	A	M	J
J	A	S	O	N	D

Pyrgus armoricanus

Spannweite:
2–2,5 cm

Beschreibung:
Dunkelgraubraun, Hinterflügel mit etwas helleren Flecken. Vorderflügel mit weißen Flecken. Unterseiten olivbraun, weiß gefleckt

Überwinterung:
Raupe

Flugzeit:
Im Norden Sommer, im Süden Spätfrühling und Spätsommer

Fraßpflanzen der Raupe:
Fingerkräuter *(Potentilla)*, Walderdbeere *(Fragaria)*

Dieser Schmetterling ist über Mittel- und Südeuropa verbreitet, fehlt aber im Norden. Er bevorzugt trockenes Gelände wie Felder, Wiesen und Dämme im Tiefland und fliegt bis etwa 1500 m Höhe. Im Norden erfolgt nur eine Eiablage, weiter südlich gewöhnlich zwei. Aus der zweiten Generation geht eine etwas kleinere Imago hervor. Die Raupe dieses Dickkopffalters verpuppt sich in einem zusammengerollten Blatt.

Raupe

J	F	M	A	M	J
J	A	S	O	N	D

Dunkelbrauner Dickkopffalter

Pyrgus frittilarius

Spannweite:
2,7–3,3 cm

Beschreibung:
Dunkelgraubraun. Vorderflügel weiß gefleckt, Hinterflügel mit dunkleren, undeutlicheren Flecken. Unterseite ähnlich. Vorderflügel mit mehr weißen Flecken. Grundfarbe der Hinterflügel olivbraun. Weibchen ähnlich, etwas größer

Überwinterung:
Raupe

Flugzeit:
Spätfrühling bis Spätsommer

Fraßpflanzen der Raupe:
Färberdistel *(Carthamus)*, Malve *(Malva)*, Fingerkraut *(Potentilla)*

Dies ist ein weit verbreiteter, teils häufiger Falter, der ortsgebunden in fast ganz Mittel- und Südeuropa vorkommt. Er bevorzugt trockene, sonnige, blumenreiche Wiesen bis etwa 2000 m Höhe. Er schlüpft wahrscheinlich versetzt, da man die Imago trotz nur einer Eiablage den ganzen Sommer über sieht. Die olivgrüne Raupe hat einen großen, dunkelbraunen Kopf. Wie alle Dickkopffalter hat der Dunkelbraune Dickkopffalter gekeulte Fühler.

J	F	M	A	M	J
J	A	S	O	N	D

Gewöhnlicher Würfelfleckfalter

Pyrgus malvae

Spannweite:
1,8–2,2 cm

Beschreibung:
Dunkelgraubraun mit weißen Flecken. Unterseite ähnlich, aber heller. Geschlechter gleich

Überwinterung:
Puppe

Flugzeit:
Frühling bis Sommer

Fraßpflanzen der Raupe:
Walderdbeere *(Fragaria)*, Fingerkraut *(Potentilla)* und verwandte Pflanzen

Ähnliche Art:
Roter Würfelfalter

Diesen kleinen Falter findet man außer in Irland, Schottland und Nordskandinavien in ganz Europa. Er lebt auf trockenem oder feuchtem Grasland und offenem Gelände bis 2000 m mit zahlreichen Wildblumen. Man kann ihn oft beim Sonnen auf dem Erdboden beobachten. Im Norden und in größeren Höhen erfolgt eine Eiablage pro Jahr, in wärmeren Gebieten zwei.

Raupe

J	F	M	A	M	J
J	A	S	O	N	D

Schwarzbrauner Würfeldickkopffalter

Pyrgus serratulae

Spannweite:
2,2–2,5 cm

Beschreibung:
Sehr ähnlich dem Würfel-Dickkopffalter, aber weiße Flecken auf der Unterseite der Hinterflügel kleiner; braunere Grundfärbung

Überwinterung:
Raupe

Flugzeit:
Sommer

Fraßpflanzen der Raupe:
Fingerkraut *(Potentilla)*, Frauenmantel *(Alchemilla)*

Ähnliche Art:
Würfel-Dickkopffalter

Dieser Schmetterling ist in Mittel- und Südeuropa verbreitet, fehlt aber in Portugal und Spanien. Man findet ihn selten unter 1000 m. Er bevorzugt blumenreiche Wiesen bis etwa 2400 m. Die grüne Raupe hat einen dunkelbraunen Kopf. Sie lebt in einer Hülle aus einem gerollten Blatt und verpuppt sich in einem Kokon am Fuß der Fraßpflanze. Pro Jahr erfolgt nur eine Eiablage.

Männchen

Weibchen

J	F	M	A	M	J
J	A	S	O	N	D

Roter Würfelfalter

Spialia sertorius

Spannweite:
2,2–2,4 cm

Beschreibung:
Ähnlich dem Gewöhnlichen Würfelfleckfalter, aber kleinere, weiße Flecken. Grundfarbe der Hinterflügel rotbraun. Geschlechter gleich

Überwinterung:
Raupe

Flugzeit:
Spätfrühling bis Spätsommer

Fraßpflanzen der Raupe:
Brombeere *(Rubus)*, Fingerkraut *(Potentilla)* und verwandte Pflanzen

Ähnliche Art:
Gewöhnlicher Würfelfleckfalter

Diesen häufigen Schmetterling findet man in fast ganz Mittel- und Südeuropa in unebenem und rauhem Gelände bis etwa 2000 m. Die Eier werden zweimal pro Jahr abgelegt, wobei die zweite Generation eine kleinere Imago hervorbringt. Es wurden mehrere Unterarten benannt. Die Raupe lebt in einem gefalteten Blatt und frißt hauptsächlich nachts. Die ausgewachsene Raupe verpuppt sich am Boden unter Laubstreu.

Raupe

J	F	M	A	M	J
J	A	S	O	N	D

Mattscheckiger Braundickkopffalter

Thymelicus acteon

Spannweite:
2,5–2,8 cm

Beschreibung:
Männchen orangebraun mit helleren Flecken und schwarzem Geschlechtsmal auf dem Vorderflügel. Weibchen dunkler. Unterseite orangebraun

Überwinterung:
Raupe

Flugzeit:
Spätfrühling bis Sommermitte

Fraßpflanzen der Raupe:
Gräser, besonders Trespe *(Bromus)*

Dieser kleine Schmetterling kommt in kleinen Kolonien in fast ganz Mittel- und Südeuropa vor. Er bevorzugt Wiesen und Hänge bis etwa 2000 m Höhe, auf denen viele Blumen wachsen. Die frisch geschlüpften Raupen überwintern unmittelbar und fressen bis zum darauffolgenden Frühjahr nur ihre Eihülle. Wenn sie ausgewachsen sind, verpuppen sich die Raupen dieses Dickkopffalters in einem lose gesponnenen Kokon unter Gras.

Weibchen

Männchen

J	F	M	A	M	J
J	A	S	O	N	D

Schwarzkolbiger Braundickkopffalter

Thymelicus lineola

Spannweite:
2,2–2,6 cm

Beschreibung:
Hellorangebraun, fein dunkelbraun umrandet. Hinterflügel mit gelblicher Schattierung. Männchen mit Geschlechtsmal. Weibchen etwas größer

Überwinterung:
Ei

Flugzeit:
Sommer

Fraßpflanzen der Raupe:
Verschiedene Gräser

Ähnliche Art:
Braunkolbiger Braundickkopffalter

Dieser Schmetterling ist in Europa verbreitet, fehlt aber in Nordskandinavien. Er hält sich gewöhnlich auf offenen Grasflächen, wie Hängen und Wiesen, bis etwa 2000 m auf. Die Raupe ist grün mit einem dunkleren Streifen auf dem Rücken und hellgelben Streifen an den Seiten. Sie lebt in einem zusammengerollten Grashalm und frißt vorwiegend nachts. Die ausgewachsene Raupe verpuppt sich in einem kleinen Kokon.

Weibchen

Männchen

J	F	M	A	M	J
J	A	S	O	N	D

Braunkolbiger Braundickkopffalter

Thymelicus sylvestris

Spannweite:
2,4–2,7 cm

Beschreibung:
Fast identisch mit dem Schwarzkolbigen Braundickkopffalter, unterscheidbar durch die Antennenspitze; bei dieser Art auf der Unterseite hellorangegelb, beim Schwarzkolbigen Braundickkopffalter schwarz

Überwinterung:
Raupe

Flugzeit:
Sommer

Fraßpflanzen der Raupe:
Verschiedene Gräser

Ähnliche Art:
Schwarzkolbiger Braundickkopffalter

Dieser sehr häufige Dickkopffalter fehlt nur in Irland, Schottland und Skandinavien. Er hält sich gern auf offenem Grasland und Wiesen bis etwa 2000 m auf. Die Eier werden in kleinen Häufchen abgelegt. Nach dem Schlüpfen überwintern die winzigen Raupen zunächst in einem Kokon. Im Frühling fressen sie dann hauptsächlich nachts. Die Verpuppung erfolgt in einem nachlässigen Kokon unter Grashalmen.

Raupe

J	F	M	A	M	J
J	A	S	O	N	D

Segelfalter

Iphiclides podalirius

Spannweite:
6,4–8 cm

Beschreibung:
Cremeweiß mit schwarzen Streifen und langem, schwarzem Schwanz, blaue Halbmonde und roter Fleck auf Hinterflügeln, Unterseiten ähnlich. Geschlechter gleich

Überwinterung:
Puppe

Flugzeit:
Spätfrühling und Sommermitte im Süden, ansonsten Frühsommer

Fraßpflanzen der Raupe:
Schlehe *(Prunus)* und andere *Prunus*-Arten

Diesen recht häufigen Schmetterling findet man in fast ganz Mittel- und Südeuropa. Er bewohnt kein spezielles Territorium, hält sich aber meist im Tiefland auf. Selten findet man ihn bis etwa 2000 m. Man kann ihn wegen seiner Futterpflanzen, unter anderem Pflaumen- und Kirschbäume, oft in der Nähe von Obstgärten beobachten. Die Farbe der Raupe ist an den Hintergrund angepaßt: Sie ist im Sommer grün und im Winter braun.

Raupe

J	F	M	A	M	J
J	A	S	O	N	D

Schwalbenschwanz

Papilio machaon

Spannweite:
6,4–7,6 cm

Beschreibung:
Hellgelb mit schwarzer Zeichnung, blaue Halbmonde und roter Fleck auf den Hinterflügeln. Unterseite etwas heller. Geschlechter gleich

Überwinterung:
Puppe

Flugzeit:
Frühlings- bis Sommermitte, je nach Gebiet 1–3 Eiablagen

Fraßpflanzen der Raupe:
Fenchel *(Foeniculum)*, Möhre *(Daucus)* und verwandte Pflanzen

Dieser auffällige Falter ist in Europa verbreitet und fehlt nur ganz im Nordosten von Skandinavien und in Finnland. Ansonsten bewohnt der Schwalbenschwanz blumenreiche Wiesen bis etwa 2000 m. Er bleibt selten an einem Ort. Die frisch geschlüpfte Raupe ist schwarzweiß und ähnelt Vogelkot. Sie ändert später ihre Farbe. Man findet sie oft in Gärten auf den Möhrenpflanzen. Die Puppe ist grün oder braun.

Raupe

J	F	M	A	M	J
J	A	S	O	N	D

Apollofalter

Parnassius apollo

Spannweite:
7–8,4 cm

Beschreibung:
Glänzend weiß, an den Rändern transparent, große, schwarze Flecken auf den Vorderflügeln, Hinterflügel mit 2 großen, roten Flecken. Auf der Unterseite roter Fleck nahe dem Körper. Geschlechter gleich

Überwinterung:
Raupe

Flugzeit:
Sommermitte

Fraßpflanze der Raupe:
Fetthenne *(Sedum)*

Hierbei handelt es sich um einen typischen Bergschmetterling, den man in allen Gebirgsregionen Europas bis etwa 2000 m sieht. Er liebt blumenreiche Wiesen und Bergweiden. In Skandinavien findet man ihn auch im Tiefland. Sein Aussehen ist sehr variabel, so daß mehrere Unterarten benannt wurden. Die Raupe frißt nur in der warmen Sonne. Die ausgewachsene Raupe verpuppt sich am Boden in einem losen Kokon.

Raupe

Südosteuropäischer Osterluzeifalter

Zerynthia polyxena

J	F	M	A	M	J
J	A	S	O	N	D

Spannweite:
4,6–5,2 cm

Beschreibung:
Hellgelb mit schwarzer und roter Zeichnung, am Flügelrand Zickzackmuster. Unterseite ähnlich, aber eher weiß

Überwinterung:
Puppe

Flugzeit:
Frühlingsmitte

Fraßpflanze der Raupe:
Osterluzei *(Aristolochia)*

Diesen ortstreuen Falter findet man nur in Südosteuropa auf Wiesen und anderem rauhen, offenen Gelände bis etwa 1000 m. Die Raupe ist gewöhnlich hellrötlichbraun mit Reihen roter Warzen, die am Ende kleine, schwarze Haarbüschel tragen. Er ist giftig, und die Zeichnung dient zur Abschreckung. Die strohfarbene Puppe ist an der Fraßpflanze befestigt und wird durch einen am Kopf befestigten Faden aufrecht gehalten.

Raupe

J	F	M	A	M	J
J	A	S	O	N	D

Aurorafalter
Anthocharis cardamines

Spannweite:
3,8–4,8 cm

Beschreibung:
Weiß, Vorderflügel mit schwarzen Spitzen, Männchen mit großem, leuchtend orangerotem Fleck. Unterseite schwarz und gelb gesprenkelt

Überwinterung:
Puppe

Flugzeit:
Frühlingsmitte bis Spätfrühling

Fraßpflanzen der Raupe:
Wiesenschaumkraut *(Cardamine)*, Wegrauke *(Sisymbrium)* und verwandte Pflanzen

Der Falter ist in Europa außer in Südspanien und im hohen Norden weit verbreitet. Er liebt offenes Waldland, Blumenwiesen, auch Gärten und kommt bis 2000 m vor. Die grüne, auf der Unterseite dunklere Raupe hat an den Seiten weiße Streifen. Sie frißt die Blüten und Samenhülsen ihrer Fraßpflanzen, aber auch Eier sowie andere Raupen, die sie auf derselben Pflanze findet. Die schlanke Puppe sieht wie eine Samenhülse aus.

Männchen

Weibchen

J	F	M	A	M	J
J	A	S	O	N	D

Baumweißling

Aporia crategi

Spannweite:
5,6–6,8 cm

Beschreibung:
Weiß, ältere Exemplare manchmal transparent, Ränder und Adern schwarz hervorgehoben. Unterseite ähnlich. Weibchen bräunlich

Überwinterung:
Raupe

Flugzeit:
Spätfrühling bis Frühsommer

Fraßpflanzen der Raupe:
Weißdorn *(Crataegus)*, Schlehe *(Prunus)* und verwandte Pflanzen

Dieser Falter ist außer in Nordskandinavien und auf den Britischen Inseln (wo er zu Beginn des 20. Jahrhunderts ausgerottet wurde) überall in Europa zu finden. Der Schmetterling ist nicht sehr ortstreu und wandert gern umher. Obwohl er von Blüten angezogen wird, trinkt er Wasser auch vom feuchten Boden. Die Raupen überwintern gemeinsam in einem seidenen Zelt. In Obstgärten können sie im Frühling zur Plage werden.

Raupe

J	F	M	A	M	J
J	A	S	O	N	D

Hufeisenklee-Heufalter

Colias australis

Spannweite:
4,2–5,4 cm

Beschreibung:
Sehr ähnlich der Goldenen Acht, aber im Farbton dunkler, mit weniger Schwarz. Die Raupen unterscheiden sich deutlich voneinander

Überwinterung:
Raupe

Flugzeit:
Spätfrühling und Spätsommer, im Süden auch Frühherbst

Fraßpflanzen der Raupe:
Hufeisenklee *(Hippocrepis)* und Kronwicke *(Coronilla)*

Ähnliche Art:
Goldene Acht

Der Falter ist in Mittel- und Südeuropa sehr häufig. Nordwärts wandert er manchmal bis nach Südengland. Er lebt auf trockenem, blütenreichem Grasland bis etwa 2000 m. Seine Eier legt er gewöhnlich zweimal im Jahr ab, im Süden können gelegentlich auch drei Eiablagen erfolgen. Die bläulichgrüne Raupe hat hellgelbe Streifen auf dem Rücken und an den Seiten. Die grüne Puppe ähnelt einem Blatt.

Männchen, Unterseite

links Männchen
rechts Weibchen

J	F	M	A	M	J
J	A	S	O	N	D

Posthörnchen

Colias croceus

Spannweite:
4,6–5,4 cm

Beschreibung:
Männchen orangegelb, mit schwarzem Rand, auf jedem Vorderflügel ein schwarzer Punkt. Weibchen dunkler (manchmal weiß), mit stärkeren schwarzen Markierungen. Unterseite gelb

Überwinterung:
Raupe

Flugzeit:
Frühlingsmitte bis Herbstbeginn. Mehrere Eiablagen

Fraßpflanzen der Raupe:
Luzerne *(Medicago)* und viele verwandte Pflanzen

Dieser Schmetterling ist in Mittel- und Südeuropa sehr weit verbreitet. Als Wanderfalter kommt er im Frühling und Sommer oft bis nach Südskandinavien sowie Südengland. Heide- und offene Graslandschaften mit zahlreichen Blumen bis etwa 2200 m Höhe liebt er. Er ist ein sehr schneller Flieger. Die grüne Raupe hat an jeder Seite einen gelben Streifen. Die grüne Puppe ähnelt einem Blatt.

links Männchen
rechts Weibchen

J	F	M	A	M	J
J	A	S	O	N	D

Goldene Acht

Colias hyale

Spannweite:
4,2–5 cm

Beschreibung:
Männchen hellgelb. Weibchen weiß. Beide mit schwarzen Rändern. Bei beiden Vorderflügel mit schwarzem Fleck, Hinterflügel mit orangem Fleck, Unterseite gelb

Überwinterung:
Raupe

Flugzeit:
Spätfrühling und Spätsommer

Fraßpflanzen der Raupe:
Luzerne *(Medicago)* und viele verwandte Pflanzen

Ähnliche Art:
Hufeisenklee-Heufalter

Man findet diesen Schmetterling hauptsächlich in Mittel- und Osteuropa. Jedes Jahr wandert er nordwärts bis Südskandinavien, manchmal erreicht er Südengland. Er liebt Blumenwiesen und Kleefelder und hält sich vor allem im Tiefland bis etwa 2000 m Höhe auf. Die grüne Raupe ist an jeder Seite mit einem gelben Streifen und einer Reihe feiner roter Strichel gezeichnet. Pro Jahr erfolgen zwei Eiablagen. Die Raupe überwintert.

Männchen, Unterseite

links Männchen
rechts Weibchen

J	F	M	A	M	J
J	A	S	O	N	D

Zitronengelber Heufalter

Colias palaeno

Spannweite:
4,8–5,4 cm

Beschreibung:
Männchen hellgelb. Weibchen weiß. Beide mit schwarzen Rändern. Unterseite gelb (Männchen) oder grünlichweiß (Weibchen), am Körper grau. Hinterflügel mit einem weißen Punkt

Überwinterung:
Raupe

Flugzeit:
Frühsommer

Fraßpflanze der Raupe:
Heidelbeere *(Vaccinium)*

Diesen Falter findet man in Mittel- und Nordosteuropa. Er ist kein Wanderfalter wie die anderen Arten derselben Gattung. Im Norden gehört er zu den häufigsten Arten. Er bewohnt dort Torfmoore sowie andere Moorlandschaften und hält sich gewöhnlich im Tiefland auf. Man sieht ihn nur, wenn die Sonne warm genug ist, um die Luft zu erwärmen. Die Raupe ist grün und hat eine gelbliche Zeichnung entlang jeder Seite.

Männchen, Unterseite

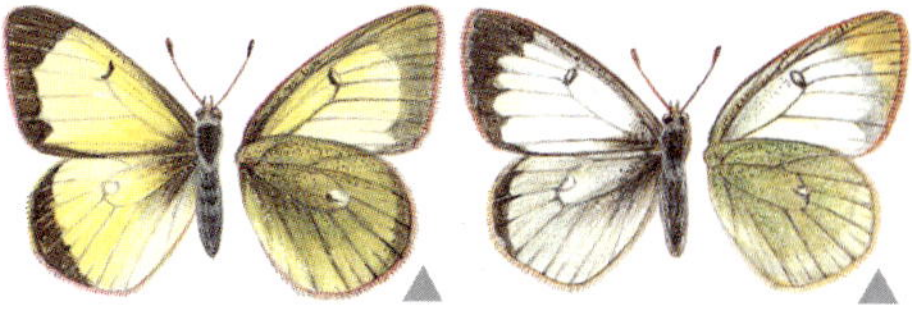

links Männchen
rechts Weibchen

J	F	M	A	M	J
J	A	S	O	N	D

Mattfleckiger Weißling

Euchloe ausonia

Spannweite:
3,6–4,8 cm

Beschreibung:
Vorderflügel weiß mit schwarzen Spitzen und schwarzem Fleck. Schwarze und gelbe Schuppen erzeugen grünlichweißes Muster auf der Unterseite. Weibchen dunkler

Überwinterung:
Puppe

Flugzeit:
Im Gebirge Frühsommer, im Tiefland Frühlingsanfang bis -ende

Fraßpflanzen der Raupe:
Schleifenblume *(Iberis)* und verwandte Pflanzen

Nur in Südeuropa trifft man diesen Falter an. Sein Lebensraum sind Blumenwiesen und Hänge bis etwa 2000 m Höhe. Die Art hat sich in drei Rassen aufgespaltet, von denen zwei das Bergland bewohnen und eine vorwiegend im Tiefland lebt. Die grüne Raupe zeigt an den Seiten weiße und am Rücken gelbliche Streifen mit winzigen, schwarzen Punkten. Die an der Fraßpflanze befestigte Puppe sieht einem alten Blatt ähnlich.

Männchen

Weibchen

J	F	M	A	M	J
J	A	S	O	N	D

Cleopatrafalter

Gonepteryx cleopatra

Spannweite:
5–6,8 cm

Beschreibung:
Wie Zitronenfalter, aber Männchen mit großem, hellorangem Fleck auf dem Vorderflügel. Unterseite der Vorderflügel beim Weibchen mit hellorangegelbem Strichel

Überwinterung:
Schmetterling

Flugzeit:
Frühlingsanfang bis -ende, Früh- bis Spätsommer

Fraßpflanze der Raupe:
Kreuzdorn *(Rhamnus)*

Ähnliche Art:
Zitronenfalter

Nur in Südeuropa verbreitet. Dort bevorzugt er offenes Waldland, Wiesen und trockene, steinige Berghänge bis etwa 2000 m. Seine Vorderflügel sind blattähnlich, so daß sie dem Falter beim Überwintern eine perfekte Tarnung liefern. Die bläulichgrüne Raupe ist an den Seiten mit sehr hellen, grünen Streifen gezeichnet. Wenn sie gerade nicht frißt, versteckt sie sich entlang der Mittelrippe eines Blattes, wo sie schwer zu entdecken ist.

Männchen, Unterseite

Weibchen

J	F	M	A	M	J
J	A	S	O	N	D

Zitronenfalter

Gonepteryx rhamni

Spannweite:
5,2–6 cm

Beschreibung:
Männchen hellgelb. Weibchen grünlichweiß mit orangefarbenem Fleck in jeder Flügelmitte. Unterseite ähnlich, grüner

Überwinterung:
Schmetterling

Flugzeit:
Frühlingsanfang bis Spätsommer. Die Schmetterlinge schlüpfen im Frühsommer

Fraßpflanze der Raupe:
Kreuzdorn *(Rhamnus)*

Ähnliche Art:
Cleopatrafalter

Diesen häufigen Falter findet man außer in Schottland und Nordskandinavien überall in Europa. Er lebt in offenem Waldland und an Waldrändern, manchmal in Gärten bis etwa 1800 m Höhe. Wie viele Schmetterlinge dieser Familie ist er ständig auf der Wanderschaft. Die grüne, an den Seiten hell gestreifte Raupe versteckt sich entlang von Blattrippen und ist daher schwer zu entdecken. Puppe blattähnlich.

Weibchen

▲ Männchen, Unterseite

J	F	M	A	M	J
J	A	S	O	N	D

Senfweißling

Leptidea sinapis

Spannweite:
3,8–4,8 cm

Beschreibung:
Reinweiß, Männchen mit schwärzlichem Fleck an der Spitze der Vorderflügel. Weibchen mit hellgrauen Stricheln. Unterseite ähnlich, grau gestrichelt

Überwinterung:
Puppe

Flugzeit:
Frühlingsmitte bis Spätsommer, 1–3 Eiablagen, je nach Gebiet

Fraßpflanzen der Raupe:
Hornklee *(Lotus)* und Platterbse *(Lathyrus)*

Mit Ausnahme des hohen Nordens findet man den zarten, kleinen Falter in ganz Europa, auf den Britischen Inseln in Südengland, Wales und Irland. Er bewohnt offenes Waldland und Waldränder bis etwa 2000 m Höhe. Sein Flug ist äußerst flatterhaft, er legt nie sehr weite Strecken zurück. Die schlanke Raupe ist grün und an beiden Seiten hellgelb gestreift. Die ausgewachsenen Raupen des Senfweißlings verlassen ihre Fraßpflanzen.

Weibchen, 1. Brut

▲ Männchen, 1. Brut

J	F	M	A	M	J
J	A	S	O	N	D

Großer Kohlweißling

Pieris brassicae

Spannweite:
5,6–6,6 cm

Beschreibung:
Weiß, Spitzen der Vorderflügel schwarz. Weibchen mit zwei schwarzen Flecken auf den Vorderflügeln. Unterseite ähnlich, Hinterflügel hell gräulichgrün

Überwinterung:
Puppe

Flugzeit:
Frühlingsmitte bis Spätsommer.
2–3 Eiablagen

Fraßpflanzen der Raupe:
Kapuzinerkresse *(Tropaeolum)*, Kohl *(Brassica)* und verwandte Pflanzen

Der Falter ist wahrscheinlich der bekannteste Schmetterling Europas. Im Sommer wandert er sogar in den hohen Norden. Er lebt überall, wo er seine Futterpflanzen findet, ist aber aus diesem Grund auch schon in Gärten und Gebieten mit viel Landwirtschaft zur Plage geworden. Die grünen, schwarz gefleckten Raupen haben je einen gelben Streifen auf dem Rücken und an beiden Seiten. Die jungen Raupen leben in Gruppen.

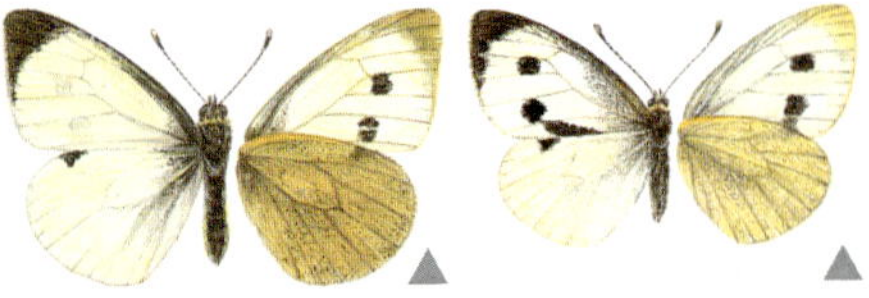

links Männchen
rechts Weibchen

J	F	M	A	M	J
J	A	S	O	N	D

Pieris mannii

Spannweite:
4–4,6 cm

Beschreibung:
Sehr ähnlich dem Kleinen Kohlweißling, aber etwas größer und Fleck an der Spitze der Vorderflügel über größeren Bereich ausgedehnt

Überwinterung:
Raupe und Puppe

Flugzeit:
Frühlingsanfang bis Herbstbeginn.
3–4 Eiablagen

Fraßpflanzen der Raupe:
Schleifenblume *(Iberis)* und verwandte Pflanzen

Ähnliche Art:
Kleiner Kohlweißling

Dieser Schmetterling ist in Südosteuropa recht verbreitet. Im Südwesten existieren wenige, meist ortsgebundene Kolonien. Er bevorzugt unebene, trockene Plätze mit zahlreichen Blumen bis in Höhen von etwa 1600 m. Die im Sommer schlüpfende Imago ist größer als die Frühjahrsbrut. Im Gegensatz zu den anderen Weißlingen fliegt er nie sehr weit. Die bläulich-grüne Raupe hat einen gelben Streifen auf dem Rücken.

Falter bei der Paarung

links Männchen, 2. Brut
rechts Weibchen, 1. Brut

J	F	M	A	M	J
J	A	S	O	N	D

Rapsweißling

Pieris napi

Spannweite:
4–5,2 cm

Beschreibung:
Sehr variabel. Vorderflügel weiß mit schwarzer Spitze, Männchen mit einem schwarzen Fleck, Weibchen mit zwei Flecken. Unterseite gelblich, grau umrandete Adern. Spätere Bruten größer und heller

Überwinterung:
Puppe

Flugzeit:
Frühlingsanfang bis Herbstbeginn.
1–3 Bruten, je nach Gebiet

Fraßpflanzen der Raupe:
Wegrauke *(Sisymbrium)* und viele verwandte Pflanzen

Den in Europa verbreiteten Schmetterling findet man auf jedem Gelände einschließlich Gärten bis etwa 2500 m Höhe. Er ist ständig in Bewegung und bleibt nie sehr lange an einem Ort. Die hellgrüne Raupe ist mit winzigen, schwarzen Punkten bedeckt und an den Seiten mit einer Reihe gelber Punkte gezeichnet. Die ausgewachsene Raupe entfernt sich zur Verpuppung von ihrer Fraßpflanze. Puppe an Hintergrund angepaßt.

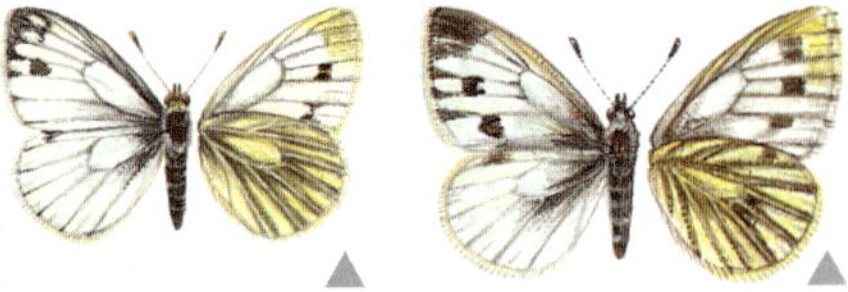

links 1. Brut, Männchen und **rechts** Weibchen

J	F	M	A	M	J
J	A	S	O	N	D

Kleiner Kohlweißling

Pieris rapae

Spannweite:
4,6–5,4 cm

Beschreibung:
Weiß, Vorderflügel beim Männchen mit einem schwarzen Fleck, beim Weibchen mit zwei Flecken, kleine weiße Spitzen. Unterseite ähnlich, Hinterflügel gräulichgelb

Überwinterung:
Puppe

Flugzeit:
Frühlingsanfang bis Herbstbeginn.
1–4 Bruten, je nach Gegend

Fraßpflanzen der Raupe:
Kapuzinerkresse *(Tropaeolum)*, Kohl *(Brassica)* und verwandte Pflanzen

Ähnliche Art:
Pieris mannii

Dies ist wohl einer der bekanntesten europäischen Falter. Er ist überall zu finden. Im Sommer wandert er gewöhnlich sogar in den hohen Norden. Er hält sich an allen Stellen auf, an denen er seine Futterpflanzen findet, und kann daher manchmal in Gärten zur Plage werden. Die grüne Raupe des Kleinen Kohlweißlings ist mit einem hellen, gelblichen Streifen am Rücken und einer Reihe gelber Punkte an den beiden Seiten gezeichnet.

links Männchen
rechts Weibchen

J	F	M	A	M	J
J	A	S	O	N	D

Resedafalter

Pontia daplidice

Spannweite:
4,2–4,8 cm

Beschreibung:
Weiß mit schwarzer Zeichnung, dunkler Fleck an der Spitze der Vorderflügel in einzelne Punkte aufgelöst. Unterseite ähnlich, Hinterflügel gräulichgrün gemustert. Weibchen dunkler

Überwinterung:
Puppe, manchmal Raupe

Flugzeit:
Frühlingsanfang bis Herbstbeginn.
2–4 Bruten, je nach Gegend

Fraßpflanzen der Raupe:
Reseda *(Reseda)*, Gänsekresse *(Arabis)* und verwandte Pflanzen

Dieser Schmetterling ist in Mittel- und Südeuropa verbreitet. In jedem Sommer wandert er gewöhnlich nordwärts und erreicht dabei sogar gelegentlich Südskandinavien sowie Südengland. Er bewohnt Blumenwiesen, besonders Kleefelder und unebenes Gelände bis 2000 m Höhe. Die bläulichgrüne, mit kleinen schwarzen Punkten bedeckte Raupe ist an Rücken und Seiten mit gelben Streifen gezeichnet. Die Puppe ist grün bis braun.

links Männchen
rechts Weibchen

J	F	M	A	M	J
J	A	S	O	N	D

Heller Alpenbläuling

Albulina orbitulus

Spannweite:
2,2–2,7 cm

Beschreibung:
Männchen himmelblau mit schmalen, schwarzen Rändern. Weibchen stumpfbraun, manchmal am Körper blau. Unterseiten gräulich, cremefarben gefleckt. Vorderflügel mit kleinem, schwarzem Punkt in der Mitte

Überwinterung:
Raupe

Flugzeit:
Sommer

Fraßpflanze der Raupe:
Tragant *(Astragalus)*

Der Schmetterling der Bergregionen ist auf den Alpenwiesen der französischen, Schweizer und italienischen Alpen verbreitet, aber man findet ihn auch in den südlichen Bergregionen Norwegens und Schwedens. Unter 1000 m oder über 3000 m Höhe ist er selten. Die grüne Raupe frißt sehr gerne die Blüten und Knopsen ihrer Fraßpflanzen, so daß ihr Vorkommen leicht an den abgeknabberten Blüten zu erkennen ist.

Raupe

Männchen

J	F	M	A	M	J
J	A	S	O	N	D

Dunkelbrauner Bläuling

Aricia agestis

Spannweite:
2,2–2,7 cm

Beschreibung:
Dunkelbraun mit einer Reihe oranger Halbmonde an den Flügelaußenrändern. Unterseite hellgräulichbraun, auf beiden Seiten orange und weiße Flecken, die weißen Flecken in der Mitte schwarz. Geschlechter gleich

Überwinterung:
Raupe

Flugzeit:
Spätfrühling bis Spätsommer

Fraßpflanzen der Raupe:
Sonnenröschen *(Helianthemum)*, Storchschnabel *(Geranium)* und verwandte Pflanzen

Ähnliche Art:
Großer Sonnenröschenbläuling

Dieser Schmetterling lebt auf offenem Grasland und Wiesen, man trifft ihn selten über 1000 m Höhe an. Verbreitet ist er in fast ganz Mittel- und Südeuropa, er fehlt aber in Spanien und Portugal. Je nach der Gegend gibt es zwei oder drei Eiablagen pro Jahr. Wie bei vielen Arten seiner Familie werden die Raupen mit asselartigem Körper von Ameisen umsorgt und leben recht versteckt. Raupen verpuppen sich am Fuß ihrer Fraßpflanzen.

Raupe

J	F	M	A	M	J
J	A	S	O	N	D

Großer Sonnenröschenbläuling

Aricia artaxerxes

Spannweite:
2–2,5 cm

Beschreibung:
Sehr ähnlich dem Dunkelbraunen Bläuling, aber orange Halbmonde auf den Vorderflügeln kleiner oder fehlend. Unterseite viel heller, schwarze Flecken wesentlich kleiner

Überwinterung:
Raupe

Flugzeit:
Frühsommer

Fraßpflanzen der Raupe:
Sonnenröschen *(Helianthemum)*, Reiherschnabel *(Erodium)* und verwandte Pflanzen

Ähnliche Art:
Dunkelbrauner Bläuling

Dieser kleine Schmetterling lebt in weit verstreuten Vorkommen und hat aus diesem Grund eine Reihe Unterarten hervorgebracht. Er liebt geschütztes Grasland und Moore bis etwa 2200 m, kommt aber selten unter 1000 m Höhe vor. In Europa, einschließlich Skandinavien, Nordengland und Schottland, findet man ihn in voneinander isolierten Gegenden. Die Raupe ähnelt der des Dunkelbraunen Bläulings.

Männchen, europäische Rasse

Weibchen, europäische Rasse

J	F	M	A	M	J
J	A	S	O	N	D

Faulbaumbläuling

Celastrina argiolus

Spannweite:
2,3–3 cm

Beschreibung:
Hellhimmelblau. Männchen mit schwarzen Rändern. Weibchen – besonders in der zweiten Generation – viel dunkler gezeichnet. Unterseite hellblau, fast weiß, mit kleinen schwarzen Punkten

Überwinterung:
Puppe

Flugzeit:
Spätfrühling bis Spätsommer

Fraßpflanzen der Raupe:
Stechpalme *(Ilex)* im Frühling, Efeu *(Hedera)* im Herbst und einige andere Pflanzen. Frißt Knospen und Beeren, manchmal junge Blätter

Dieser Falter kommt – außer in Schottland und Nordskandinavien – überall in Europa vor. Er bewohnt am liebsten Kahlschläge und Hecken, häufig auch Parks und Gärten. Pro Jahr gibt es zwei Eiablagen, bei denen sich die daraus hervorgehenden, ausgewachsenen Weibchen deutlich voneinander unterscheiden. Die zweite Generation wird stärker von Brombeerblüten angezogen, die zuerst geschlüpften Schmetterlinge mehr von Pflanzensaft und Aas.

links 1. Brut Männchen und **rechts** Weibchen

J	F	M	A	M	J
J	A	S	O	N	D

Zwergbläuling

Cupido minimus

Spannweite:
1,8–2,2 cm

Beschreibung:
Dunkelbraun. Männchen am Körper mit wenig blauer Zeichnung. Weibchen einfach. Unterseite sehr hellgraubraun mit winzigen, schwarzen Punkten

Überwinterung:
Raupe

Flugzeit:
Spätfrühling bis Spätsommer, je nach Gegend und Anzahl der Eiablagen

Fraßpflanzen der Raupe:
Wundklee *(Anthyllis)* und verwandte Pflanzen. Frißt gewöhnlich Blüten und Samenhülsen

Mit Ausnahme von Südspanien, den Niederlanden und Teilen von Skandinavien ist dieser kleine Falter in ganz Europa verbreitet. Er liebt südwärts gerichtete, grasbewachsene Dämme und Hänge bis etwa 2000 m Höhe. Je nach Gegend und Klima gibt es 1–2 Eiablagen pro Jahr. Die Raupe überwintert in verblühten Blumen und wird wie bei den meisten Bläulingen von Ameisen umsorgt. Die Puppe des Zwergbläulings ist gewöhnlich an einem Grashalm befestigt.

Männchen

Raupe

J	F	M	A	M	J
J	A	S	O	N	D

Schwarzbrauner Bläuling

Eumedonia eumedon

Spannweite:
2,3–3 cm

Beschreibung:
Dunkelbraun, einfach. Männchen mit einem Hauch Blau in Körpernähe. Hinterflügel beim Weibchen manchmal mit blaßorangen Halbmonden. Unterseite hellbräunlichgrau, schwarz gefleckt, weißer Strich vom mittleren Fleck des Hinterflügels zum Flügelrand

Überwinterung:
Raupe

Flugzeit:
Sommer

Fraßpflanzen der Raupe:
Storchschnabel *(Geranium)* und verwandte Pflanzen

Der Schmetterling ist in Osteuropa recht verbreitet. Er fehlt in Portugal, Nordwesteuropa und auf den Britischen Inseln. In Spanien, Frankreich und Griechenland gibt es einige wenige isolierte Vorkommen. Der Falter bewohnt Grasflächen und andere sonnige Plätze im Hügelland und im Gebirge bis etwa 2500 m Höhe, ist aber gelegentlich auch im Tiefland zu beobachten. Die Raupe dieses Bläulings wird von Ameisen umsorgt.

Raupe

J	F	M	A	M	J
J	A	S	O	N	D

Kurzschwänziger Bläuling

Everes argiades

Spannweite:
2–2,7 cm

Beschreibung:
Männchen hellbläulichviolett mit schmalen schwarzen Rändern. Weibchen dunkelbraun, am Körper manchmal blau. Ab der zweiten Brut gewöhnlich dunkler. Unterseite sehr hellgraublau, fast weiß, kleine schwarze Punkte. Beide Geschlechter mit sehr kleinem Schwanz

Überwinterung:
Raupe, im Norden manchmal Ei

Flugzeit:
Spätfrühling bis Spätsommer

Fraßpflanzen der Raupe:
Schneckenklee *(Medicago)*, Hornklee *(Lotus)* und verwandte Pflanzen. Frißt gewöhnlich Samenträger

Dieser Schmetterling ist in Mittel- und Südeuropa recht häufig, in Spanien aber nur im Nordosten zu finden. In warmen Sommern wandert er oft nordwärts und erreicht dabei gelegentlich die Britischen Inseln. Sein Lebensraum sind feuchte Grasflächen und Heidelandschaften im Tiefland sowie in Tälern, selten über 500 m. Gewöhnlich zwei, manchmal auch mehr Eiablagen pro Jahr. Raupe mit dunkelgrünen Streifen.

links Männchen
rechts Weibchen

Himmelblauer Steinkleebläuling

Glaucopsyche alexis

J	F	M	A	M	J
J	A	S	O	N	D

Spannweite:
2,3–3,5 cm

Beschreibung:
Männchen blau mit schwarzen Rändern. Weibchen dunkelbraun, am Körper ein Hauch Blau. Unterseite beider Geschlechter hellgrau, eine Reihe großer, schwarzer Flecken nahe dem Flügelrand, grünlichblauer Fleck am Körper

Überwinterung:
Raupe

Flugzeit:
Spätfrühling bis Frühsommer

Fraßpflanzen der Raupe:
Wicken *(Astragalus)* und verwandte Pflanzen

Den Schmetterling findet man in ganz Europa mit Ausnahme der Britischen Inseln, Portugals und des hohen Nordens. Obwohl er manchmal im Tiefland beobachtet werden kann, ist er eigentlich eine im Hügelland und im Gebirge beheimatete Art. Dort bevorzugt er offene, blumenreiche Böschungen und Felder bis etwa 1300 m. Die Weibchen dieses Bläulings suchen die Fraßpflanzen nahe einem Ameisenbau zur Eiablge auf.

Falter bei der Paarung

Männchen

J	F	M	A	M	J
J	A	S	O	N	D

Geschwänzter Blasenstrauchbläuling

Lampides boeticus

Spannweite:
3–3,5 cm

Beschreibung:
Männchen blau, schmale, schwarze Ränder. Weibchen dunkelbraun, am Körper blau. Unterseite beider Geschlechter hellbraunweiß gestreift, Hinterflügel mit breitem weißem Band, zwei kleine schwarzblaue Flecken nahe dem kurzen Schwanz

Überwinterung:
Puppe

Flugzeit:
Spätfrühling bis Herbstbeginn

Fraßpflanzen der Raupe:
Viele Hülsenfrüchtler. Kann zur Plage an Erbsen und anderen Kulturpflanzen werden

Ähnliche Art:
Kleiner Wanderbläuling

Der in Afrika und Asien verbreitete Falter kommt in Europa nur im wärmeren Süden vor. Er wandert jedes Jahr nordwärts, erreicht aber kaum die Britischen Inseln. Man kann ihn in offenem, blütenreichem Gelände bis etwa 2000 m, selten auch in Städten und Gärten beobachten. Seine Eier legt er mehrmals pro Jahr ab. Die Farbe der Raupe variiert von Grün bis Hellbraun. Die Raupe lebt in Samenhülsen der Fraßpflanze.

Männchen, Unterseite

Weibchen

J	F	M	A	M	J
J	A	S	O	N	D

Kronwickenbläuling

Lycaeides argyrognomon

Spannweite:
2,5–3,2 cm

Beschreibung:
Männchen tiefblau mit schmalen, schwarzen Rändern. Weibchen dunkelbraun, am Körper ein wenig blau. Unterseiten hellbräunlichgrau, schwarz gefleckt, am äußeren Flügelrand eine Reihe oranger Flecken

Überwinterung:
Gewöhnlich Ei, manchmal Raupe

Flugzeit:
Spätfrühling und Sommermitte

Fraßpflanzen der Raupe:
Kronwicke *(Coronilla varia)* und verwandte Pflanzen

Ähnliche Arten:
Idasbläuling und Geißkleebläuling

Diesen Schmetterling trifft man hauptsächlich in Mittel- und Südeuropa östlich von Frankreich an. Weiter im Norden gibt es nur ein oder zwei isolierte Vorkommen Er liebt offene Felder und Wiesen mit zahlreichen Blumen bis etwa 1500 m Höhe. Die grüne Raupe ist am Rücken sowie an den Seiten weiß und purpurrot gestreift. Sie wird von Ameisen umsorgt. Die Falter sind schwer vom Idasbläuling zu unterscheiden.

Raupe

Männchen

J	F	M	A	M	J
J	A	S	O	N	D

Idas-Bläuling

Lycaeides idas

Spannweite:
2,5–3 cm

Beschreibung:
Sehr ähnlich dem Kronwickenbläuling. Unterscheidbar auf der Unterseite: schwarze Flecken am Innenrand der orangen Zeichnung bei dieser Art pfeilförmig (beim Kronwickenbläuling leicht gebogen)

Überwinterung:
Raupe

Flugzeit:
Frühsommer, im Süden auch Spätsommer

Fraßpflanzen der Raupe:
Wicken *(Coronilla, Vicia)* und verwandte Pflanzen

Ähnliche Arten:
Kronwickenbläuling und Geißkleebläuling

Der Schmetterling ist weiter verbreitet als der ähnliche Kronwickenbläuling. Er fehlt auf den Britischen Inseln und in den südlicheren Gegenden Europas. Sein Lebensraum ist eher das Gebirge, wo man ihn auf Wiesen und Heideland bis etwa 2500 m findet. Die grüne Raupe trägt am Rücken dunklere und an den Seiten weiße Streifen. Sie wird von Ameisen umsorgt und verbringt den Winter im Ameisenbau.

Weibchen, Unterseite

links Männchen
rechts Weibchen

J	F	M	A	M	J
J	A	S	O	N	D

Himmelblauer Bläuling

Lysandra bellargus

Spannweite:
2,7–3,2 cm

Beschreibung:
Männchen leuchtend himmelblau, fein schwarz umrandet, breiter weißer Saum. Weibchen dunkelbraun, Flügelaußenrand mit orangen Halbmonden, am Körper blau. Unterseite beider Geschlechter hellbraun, schwarz gefleckt, mit Reihen oranger Halbmonde

Überwinterung:
Raupe

Flugzeit:
Spätfrühling und Sommermitte bis Spätsommer

Fraßpflanzen der Raupe:
Hufeisenklee *(Hippocrepis)* und verwandte Pflanzen

Dieser Schmetterling bewohnt Kreide- und Kalkhänge und ist mit Ausnahme des hohen Nordens und der Britischen Inseln, wo er nur in Südengland isoliert vorkommt, in ganz Europa verbreitet. Er bevorzugt offenes Grasland an flachen Hängen, kann aber bis in eine Höhe von etwa 2000 m beobachtet werden. Gewöhnlich gibt es pro Jahr zwei Eiablagen. Die Raupen sind tiefgrün und haben gelbe Streifen an Rücken und Seiten.

Männchen

Weibchen

J	F	M	A	M	J
J	A	S	O	N	D

Silbergrüner Bläuling

Lysandra coridon

Spannweite:
3–3,5 cm

Beschreibung:
Männchen silbrigblau, schwarz umrandet. Weibchen dunkelbraun, Hinterflügel orange und weiß gefleckt, am Körper blau. Unterseite beider Geschlechter hellbräunlichgrau, scharz gefleckt. Sehr variabel

Überwinterung:
Raupe

Flugzeit:
Sommermitte

Fraßpflanzen der Raupe:
Hufeisenklee *(Hippocrepis)* und verwandte Pflanzen

Der äußerst variable Schmetterling ist in ganz Europa – außer in Skandinavien und im äußersten Süden des Kontinents – verbreitet. Er bewohnt ausschließlich Kreide- und Kalkgebirge bis etwa 2000 m Höhe, wo man ihn auf blumenreichen Feldern und Wiesen beobachten kann. Die grüne, an beiden Seiten und am Rücken gelb gestreifte Raupe frißt vorwiegend nachts. Raupen und Puppen werden von Ameisen umsorgt.

Männchen

Weibchen

J	F	M	A	M	J
J	A	S	O	N	D

Kleiner Moorbläuling

Maculinea alcon

Spannweite:
3–3,5 cm

Beschreibung:
Männchen blau, breite, schwarze Ränder. Weibchen gräulichbraun, am Körper blau, Vorderflügel schwarz gefleckt. Unterseite beider Geschlechter hellbraun mit schwarzen Flecken

Überwinterung:
Raupe

Flugzeit:
Frühsommer

Fraßpflanzen der Raupe:
Enziane *(Gentiana)* im Frühstadium, später Ameisenlarven

Ähnliche Art:
Schwarzgefleckter Bläuling

Diesen Falter findet man hauptsächlich in Mitteleuropa. Im Süden gibt es nur einige wenige isolierte Vorkommen. Er lebt auf trockenem oder feuchtem Grasland bis etwa 2000 m. Die Raupe ist im Frühstadium mattgrün oder rötlichbraun. In einem späteren Stadium ändert sie ihre Farbe zu einem hellen Cremebraun. Auf dieser Entwicklungsstufe wandert sie unter die Erde in einen Ameisenbau und verpuppt sich. Eine Unterart kommt in größeren Höhen vor.

Weibchen

Männchen

J	F	M	A	M	J
J	A	S	O	N	D

Schwarzgefleckter Bläuling

Maculinea arion

Spannweite:
2,8–3,8 cm

Beschreibung:
Männchen hellblau, mit schwarzen Rändern, Vorderflügel schwarz gefleckt. Weibchen ähnlich, mehr und größere Flecken, breitere schwarze Ränder. Unterseite beider Geschlechter hellgräulichbraun, schwarz gefleckt, Flecken auf Vorderflügeln größer als beim Kleinen Moorbläuling

Überwinterung:
Raupe

Flugzeit:
Frühsommer

Fraßpflanzen der Raupe:
Thymian *(Thymus)* im Frühstadium, später Ameisenlarven

Ähnliche Art:
Kleiner Moorbläuling

Der Falter ist im größten Teil Europas mit Ausnahme des hohen Nordens verbreitet. In Spanien findet man ihn im zentralen Bergland. Auf den Britischen Inseln wurde er vor nicht allzu langer Zeit ausgerottet, aber es gibt Versuche, ihn wieder anzusiedeln. Er bevorzugt unebenes Grasland und hält sich überall dort auf, wo er seine Fraßpflanzen findet. Die Raupe ist anfangs bräunlichrosa und wird hellcremebraun, wenn sie unter die Erde in einen Ameisenbau wandert.

Weibchen

Männchen

J	F	M	A	M	J
J	A	S	O	N	D

Zahnflügelbläuling

Meleageria daphnis

Spannweite:
3–3,5 cm

Beschreibung:
Männchen leuchtend hellblau, schmal schwarz umrandet. Weibchen dunkelblau, breitere schwarze Ränder. Hinterflügel beider Geschlechter leicht eingekerbt, beim Weibchen deutlicher. Unterseite hellbraun, Weibchen dunkler, schwarz gefleckt

Überwinterung:
Raupe

Flugzeit:
Frühsommer

Fraßpflanzen der Raupe:
Thymian *(Thymus)*, Tragant *(Astragalus)* und verwandte Pflanzen

Dieser recht häufige Falter ist in den wärmeren Gegenden Europas von Südfrankreich ostwärts verbreitet. Er liebt sonnige und blütenreiche Hänge aus Kalkstein vom Tiefland bis in Höhen von 1800 m. Die grüne Raupe ist am Rücken mit einem dunkleren, von zwei gelblichen Strichen eingerahmten Streifen gezeichnet. Auch entlang den Seiten ziehen sich gelbliche Streifen. Im Frühling verpuppt sich die Raupe unter Laubstreu.

Männchen, Unterseite

links Männchen
rechts Weibchen

J	F	M	A	M	J
J	A	S	O	N	D

Graublauer Bläuling

Philotes baton

Spannweite:
2–2,5 cm

Beschreibung:
Männchen hellblau, breit schwarz umrandet. Weibchen einfach dunkelbraun, am Körper manchmal blau. Unterseite bei beiden Geschlechtern hellgraubraun, schwarz gefleckt, am Hinterflügelrand eine Reihe helloranger Flecken

Überwinterung:
Raupe oder Puppe

Flugzeit:
Spätfrühling und Spätsommer

Fraßpflanze der Raupe:
Thymian *(Thymus)*

Den Schmetterling findet man in Mittel- und Südeuropa, wo er aber nicht besonders häufig ist. Weiter nordöstlich kommt er sogar bis nach Finnland vor. Er liebt offene blumenreiche Hänge bis etwa 2000 m Höhe, auf denen er seine Fraßpflanzen findet. Der Falter legt seine Eier zweimal, in höherem Gebirge nur einmal pro Jahr ab. Die bläulichgrüne Raupe des Bläulings ist am Rücken und an den Seiten purpurrot und weiß gestreift.

Weibchen, Unterseite

links Männchen
rechts Weibchen

J	F	M	A	M	J
J	A	S	O	N	D

Geißkleebläuling

Plebejus argus

Spannweite:
2–2,3 cm

Beschreibung:
Ähnlich Idasbläuling und Kronwickenbläuling, Männchen leicht an kleinem Sporn an den Vorderbeinen erkennbar, der bei anderen Arten fehlt

Überwinterung:
Ei

Flugzeit:
Spätfrühling, im Süden auch Spätsommer

Fraßpflanzen der Raupe:
Verschiedene niedere Pflanzen wie Hornklee *(Lotus)*, Stechginster *(Ulex)* und Heidekraut *(Calluna)*

Ähnliche Arten:
Idasbläuling und Kronwickenbläuling

Dieser Schmetterling ist außer in den nördlichen Gegenden Skandinaviens in ganz Europa verbreitet. Er bewohnt hauptsächlich sonniges Heide- und Grasland an Kreidehängen bis in eine Höhe von etwa 2500 m. Das Grün der Raupe kann sehr viele Schattierungen annehmen. Am Rücken und an den Seiten ist sie purpurrot und weiß gestreift. Die Raupen dieses Bläulings ernähren sich hauptsächlich von den Blüten ihrer Fraßpflanzen.

Männchen

Weibchen

J	F	M	A	M	J
J	A	S	O	N	D

Steinkleebläuling

Plebicula dorylas

Spannweite:
2,5–3 cm

Beschreibung:
Männchen leuchtend himmelblau, schmal schwarz umrandet. Weibchen dunkelbraun, orange Halbmonde am Rand der Hinter- und manchmal auch der Vorderflügel. Unterseite beider Geschlechter hellgraubraun, schwarz gefleckt, Außenränder orange und weiß gezeichnet

Überwinterung:
Raupe

Flugzeit:
Früh- und Spätsommer

Fraßpflanzen der Raupe:
Thymian *(Thymus)*, Wundklee *(Anthyllis)* und verwandte Pflanzen

Er lebt in den Gebirgen Mittel- und Südeuropas. Weiter im Norden gibt es nur ein, zwei isolierte Vorkommen. Er hält sich an sonnigen Wiesen mit zahlreichen Blüten in Höhen zwischen 1000 und 2000 m auf. Die sehr hellgrünlichgelbe Raupe ist entlang dem Rücken mit einer Reihe hellerer Punkte gezeichnet. Sie wird von Ameisen versorgt. Raupe verpuppt sich unter dem Blatt der Fraßpflanze.

Männchen

links Männchen
rechts Weibchen

J	F	M	A	M	J
J	A	S	O	N	D

Hauhechelbläuling

Polyommatus icarus

Spannweite:
2,5–3 cm

Beschreibung:
Männchen hellviolettblau, sehr fein schwarz umrandet. Weibchen dunkelbraun, am Körper oft blau, alle Flügelränder mit orangen Halbmonden. Unterseite beider Geschlechter hellbräunlichgrau, am Körper blau, Flügelränder mit orangen Halbmonden und schwarz gefleckt

Überwinterung:
Raupe

Flugzeit:
Frühlingsmitte bis Spätsommer.
2–3 Bruten

Fraßpflanzen der Raupe:
Hornklee *(Lotus)*, Klee *(Trifolium)* und viele verwandte Pflanzen

Den häufig vorkommenden Schmetterling findet man in ganz Europa. Er bewohnt Blumenwiesen und blütenreiche Hänge bis in Höhen von etwa 2500 m. Manchmal kann man ihn auch in Gärten antreffen. Die grüne Raupe ist am Rücken mit einem dunkleren Streifen gezeichnet. An den Seiten hat sie gelbliche Streifen. Sie frißt am liebsten die Blüten ihrer Fraßpflanzen und wird gewöhnlich von Ameisen umsorgt. Sie verpuppt sich am Boden.

Männchen

Weibchen

J	F	M	A	M	J
J	A	S	O	N	D

Fetthennen-Bläuling

Scolitantides orion

Spannweite:
2,2–2,8 cm

Beschreibung:
Männchen dunkelgrau, fast schwarz, besonders am Körper mattblau gezeichnet. Weibchen ähnlich, dunkler, weniger blau. Unterseite beider Geschlechter weiß, große schwarze Flecken, Hinterflügel mit auffälligem orangem Band

Überwinterung:
Puppe

Flugzeit:
Sommermitte, im Süden 1. Brut im Spätfrühling

Fraßpflanze der Raupe:
Fetthenne *(Sedum)*

Dieser Schmetterling hat eine interessante Verbreitung in zwei voneinander isolierten Gegenden Europas: Südeuropa und Südskandinavien. In beiden Verbreitungsgebieten bevorzugt er unebene, trockene, steinige Südhänge bis etwa 1800 m. Im Süden legt er jedes Jahr zweimal seine Eier ab, im Norden erfolgt nur eine Eiablage. Die grüne, stark violett und purpurrot gezeichnete Raupe wird von Ameisen umsorgt.

links Männchen
rechts Weibchen

J	F	M	A	M	J
J	A	S	O	N	D

Kleiner Wanderbläuling

Syntarucus pirithous

Spannweite:
2,2–2,5 cm

Beschreibung:
Männchen hellviolettblau, fein schwarz umrandet, zwei kleine, schwarze Flecken nahe dem kurzen Schwanz an den Hinterflügeln. Weibchen ähnlich, dunkelbraun gezeichnet. Unterseite beider Geschlechter braun und weiß marmoriert

Überwinterung:
Raupe

Flugzeit:
Frühlingsanfang bis Spätsommer, mehrere Bruten

Fraßpflanzen der Raupe:
Blasenstrauch *(Colutea)*, Geißklee *(Cytisus)* und verwandte Pflanzen

Ähnliche Art:
Geschwänzter Blasenstrauchbläuling

Der kleine Schmetterling ist in Südeuropa recht häufig, wo er sonniges offenes Ödland bewohnt, gewöhnlich in tieferen Lagen. Jeden Sommer wandert er regelmäßig; in dieser Zeit trifft man ihn auch in höheren Lagen an. Sehr selten wird der Falter in Nordeuropa beobachtet. Die gelblichgrüne Raupe hat eine helle und recht undeutliche Zeichnung. Sie wird von Ameisen umsorgt und verpuppt sich in Bodennähe.

links Männchen
rechts Weibchen

J	F	M	A	M	J
J	A	S	O	N	D

Hochmoorbläuling

Vacciniina optilete

Spannweite:
2,2–2,5 cm

Beschreibung:
Männchen dunkelviolettblau mit feinen schwarzen Rändern. Weibchen dunkelbraun, am Körper leicht blau. Unterseite beider Geschlechter stumpfgrau, schwarz gefleckt, auffälliger rötlichoranger Fleck auf den Hinterflügeln

Überwinterung:
Raupe

Flugzeit:
Sommermitte

Fraßpflanzen der Raupe:
Moosbeere *(Vaccinium)* und verwandte Pflanzen

Das Verbreitungsgebiet dieses Schmetterlings umfaßt ganz Nordosteuropa von den Alpen bis Skandinavien und nach Osten. Sein Lebensraum sind Torfmoore und nach Süden liegende Gebirgshänge bis in Höhen von etwa 2500 m. Da der Falter in kälterem Klima lebt, legt er nur einmal pro Jahr seine Eier ab. Die grasgrüne Raupe hat an den Seiten rosa und weiße Streifen. Raupen verpuppen sich unter einem Blatt ihrer Fraßpflanzen.

Raupe

Männchen

J	F	M	A	M	J
J	A	S	O	N	D

Violetter Feuerfalter

Heodes alciphron

Spannweite:
3–3,8 cm

Beschreibung:
Männchen rötlich-orange, größtenteils violett und purpurn überzogen, schwarz gefleckt. Weibchen dunkelbraun, schwarz gefleckt, Hinterflügel mit Reihe oranger Flecken. Unterseite bei beiden schwarz gefleckt, größer als beim Kleinen Ampferfeuerfalter

Überwinterung:
Raupe

Flugzeit:
Frühsommer

Fraßpflanze der Raupe:
Ampfer *(Rumex)*

Ähnliche Art:
Kleiner Ampferfeuerfalter

Der Schmetterling ist fast in ganz Europa verbreitet und fehlt nur in Skandinavien, auf den Britischen Inseln und im Norden Frankreichs und Belgiens. Er bewohnt Wiesen und Felder im Tiefland bis in eine Höhe von etwa 1000 m. Eine echte Unterart des Falters lebt auf grasbewachsenen Gebirgshängen zwischen 1500 m und 2000 m. Die grüne Raupe ist am Rücken und an den Seiten dunkler gestreift. Sie wird von Ameisen umsorgt und verpuppt sich unter der Erde.

Männchen

Weibchen

J	F	M	A	M	J
J	A	S	O	N	D

Brauner Feuerfalter

Heodes tityrus

Spannweite:
2,3–3 cm

Beschreibung:
Männchen dunkel gräulichbraun, schwarz gefleckt, Hinterflügel mit Reihe helloranger Halbmonde. Weibchen ähnlich, orange Zeichnung auch auf Vorderflügeln. Unterseite bei beiden Geschlechtern hellbräunlichgrau, schwarz gefleckt, orange Zeichnung am Flügelrand

Überwinterung:
Raupe

Flugzeit:
Sommermitte und Spätsommer

Fraßpflanze der Raupe:
Ampfer *(Rumex)*

Das Verbreitungsgebiet dieses Schmetterlings erstreckt sich über fast ganz Mittel- und Südeuropa. Er fehlt im hohen Norden und auf den Britischen Inseln. In Spanien gibt es isolierte Vorkommen. Der Falter ist recht ortstreu und lebt auf Blumenwiesen sowie Hängen, die sich gewöhnlich im Tiefland befinden. Man kann ihn aber bis in Höhen von 2000 m antreffen. Die hellgrünen, weiß gefleckten Raupen verpuppen sich am Boden unter Laubstreu. Pro Jahr gibt es zwei Generationen.

Weibchen

Männchen

J	F	M	A	M	J
J	A	S	O	N	D

Dukatenfalter

Heodes virgaureae

Spannweite:
2,7–3,2 cm

Beschreibung:
Männchen leuchtend kupferorange, schwarze Ränder. Weibchen heller orange, große schwarze Flecken und schmalere, schwarze Ränder. Unterseite beider Geschlechter hellgelblichbraun, schwarz und weiß gefleckt

Überwinterung:
Raupe

Flugzeit:
Sommermitte

Fraßpflanze der Raupe:
Ampfer *(Rumex)*

Der verbreitete Schmetterling ist in ganz Europa bis Südskandinavien häufig. Er fehlt auf den Britischen Inseln, in Nordfrankreich und Süditalien. Sein bevorzugter Lebensraum sind Blumenwiesen und Kahlschläge, meist in der Nähe von Flüssen oder Bächen bis etwa 2000 m Höhe. Die grüne Raupe hat wenige weiße Flecken. Sie wird von Ameisen umsorgt. Die Raupen verpuppen sich unter einem Blatt an ihrer Fraßpflanze.

Männchen

Weibchen

J	F	M	A	M	J
J	A	S	O	N	D

Kleiner Feuerfalter

Lycaena phlaeas

Spannweite:
2,2–2,7 cm

Beschreibung:
Vorderflügel leuchtend kupferorange, dunkelbraun umrandet, schwarz gefleckt. Hinterflügel dunkelbraun, kupferfarbenes Band am Außenrand. Unterseite hellgraubraun, schwarz gefleckt. Geschlechter gleich

Überwinterung:
Raupe

Flugzeit:
Frühlingsbeginn bis Herbstanfang

Fraßpflanzen der Raupe:
Ampfer und Sauerampfer *(Rumex)*, Vogelknöterich *(Polygonum)*

Diesen sehr häufigen Schmetterling findet man in ganz Europa. Er bewohnt sonnige Wiesen und Kahlschläge bis 2000 m Höhe. Die Männchen verteidigen ihr Territorium heftig und verjagen alle Eindringlinge, manchmal sogar Vögel! Es gibt zwei, gelegentlich auch drei Eiablagen pro Jahr. Die Falter der dritten Generation sind viel kleiner. Die grünen Raupen können mit dunkelrosa Streifen an Rücken und Seiten gezeichnet sein. Sie werden von Ameisen umsorgt.

Raupe

J	F	M	A	M	J
J	A	S	O	N	D

Kleiner Ampferfeuerfalter

Palaeochrysophanus hippothoe

Spannweite:
2,8–3,5 cm

Beschreibung:
Männchen rotgolden, von den schwarzen Rändern ausgehend violett schimmernd. Weibchen dunkelbraun, Vorderflügel mit wenig Orange, Hinterflügel mit kupferfarbenem Band. Unterseite beider Geschlechter gräulichbraun, schwarz gefleckt

Überwinterung:
Raupe

Flugzeit:
Frühsommer

Fraßpflanzen der Raupe:
Sauerampfer *(Rumex)* und Vogelknöterich *(Polygonum)*

Ähnliche Art:
Violetter Feuerfalter

Von diesem Schmetterling gibt es örtliche Vorkommen in ganz Europa, aber im Osten ist er weit häufiger. Westlich, in Richtung Spanien, bildet er nur noch vereinzelte Kolonien. Der Falter liebt feuchte Wiesen und Moore bis etwa 2000 m Höhe. Die ständige Trockenlegung des Lebensraums ist vermutlich für den Rückgang der Art verantwortlich. Die Raupe ist grün mit einem dunkleren Streifen am Rücken und weißen Streifen an den Seiten.

Männchen

Weibchen

J	F	M	A	M	J
J	A	S	O	N	D

Brombeerzipfelfalter

Callophrys rubi

Spannweite
2,4–2,8 cm

Beschreibung:
Gräulichgrün. Unterseiten beider Flügel leuchtend grün mit einigen weißen Flecken in einer Reihe auf den Hinterflügeln

Überwinterung:
Puppe

Flugzeit:
Frühling bis Frühsommer, je nach Gebiet

Fraßpflanzen der Raupe:
Viele niedere Pflanzen wie Stechginster *(Ulex)*, Heidekraut *(Calluna)* und Brombeerstrauch *(Rubus)*

Dieser Falter ist in fast ganz Europa häufig. Er bewohnt ein breites Spektrum an Lebensräumen von feuchtem oder trockenem Heideland bis zu lichten Wäldern in Höhen bis 2100 m. Die Raupe hat am Rücken einen dunkelgrünen und an den Seiten gelbliche Streifen. Sie ernährt sich von Blüten, Früchten oder Samenhülsen. Ausgewachsene Raupen verpuppen sich am Boden. Die Puppe kann vernehmliche Geräusche erzeugen.

Raupe

J	F	M	A	M	J
J	A	S	O	N	D

Akazienzipfelfalter

Nordmannia acaciae

Spannweite:
2,3-2,8 cm

Beschreibung:
Dunkelbraun mit kleinem, orangem Fleck nahe dem kurzen Schwanz. Unterseite bräunlichgrau, Männchen mit weißem Band über Vorder- und Hinterflügel, beim Weibchen nur kurzer Streifen am Hinterflügel, oranges Band am Hinterflügelrand

Überwinterung:
Raupe

Flugzeit:
Frühsommer

Fraßpflanze der Raupe:
Schlehe *(Prunus)*

Ähnliche Art:
Eichenzipfelfalter

Dieser Schmetterling ist mit Ausnahme von Südspanien über ganz Mittel- und Südeuropa verbreitet. Er lebt überall, wo er seine Fraßpflanzen findet, vorzugsweise in rauhem, offenem Hügelland bis etwa 1800 m Höhe. Nach der Eiablage bedeckt das Weibchen die Eier mit einigen Haaren, wahrscheinlich um sie vor parasitischen Fliegen und Wespen zu tarnen. Die hellgrüne Raupe ist an Rücken und Seiten noch heller gestreift.

links Männchen
rechts Weibchen

J	F	M	A	M	J
J	A	S	O	N	D

Eichenzipfelfalter

Nordmannia ilicis

Spannweite:
2,6–3 cm

Beschreibung:
Männchen dunkelbraun, Vorderflügel manchmal mit orangem Fleck. Weibchen größer, heller, mit größerem, orangem Fleck. Unterseiten beider Geschlechter gräulichbraun, unterbrochene weiße Linie über Vorder- und Hinterflügel, rote Flecken am Hinterflügelrand

Überwinterung:
Ei

Flugzeit:
Frühsommer

Fraßpflanze der Raupe:
Eiche *(Quercus)*

Ähnliche Art:
Akazienzipfelfalter

Außer in Südspanien, Großbritannien und Nordskandinavien ist dieser Falter in ganz Europa verbreitet. Er bewohnt offenes Waldland und rauhes Gelände, gewöhnlich im Hügelland bis etwa 1800 m Höhe. Die hellgrüne Raupe ist an Rücken und Seiten dunkler gestreift und wird von Ameisen umsorgt. Sie ernährt sich von niederen, jungen Pflanzen und verpuppt sich auf einem Blatt. Die Puppe sieht Vogelkot zum Verwechseln ähnlich.

links Männchen
rechts Weibchen

J	F	M	A	M	J
J	A	S	O	N	D

Blauer Eichenzipfelfalter

Quercusia quercus

Spannweite:
3–3,8 cm

Beschreibung:
Weibchen dunkelbraun, Vorderflügel mit leuchtend violettblauem Fleck. Männchen ebenfalls dunkelbraun, vollständig mattviolett überzogen. Unterseite bei beiden Geschlechtern mittelgrau, weißer Streifen über Vorder- und Hinterflügel, zwei orange Flecken nahe dem sehr kurzen Schwanz

Überwinterung:
Ei

Flugzeit:
Sommermitte

Fraßpflanzen der Raupe:
Eiche *(Quercus)*, manchmal Esche *(Fraxinus)*

Dieser Falter ist ein Waldbewohner, der außer in Schottland und Nordskandinavien in ganz Europa in Höhen bis etwa 2000 m vorkommt. Die Imago ist nicht oft sichtbar, da sie die meiste Zeit in den Baumkronen verbringt. Sie besucht keine Blütenpflanzen, sondern ernährt sich von den klebrigen Ausscheidungen der Blattläuse. Die rötlichbraune Raupe hat am Rücken einen dunkleren Streifen, an den hellere Dreiecke angrenzen.

Männchen

Weibchen

J	F	M	A	M	J
J	A	S	O	N	D

Pflaumenzipfelfalter

Strymondia pruni

Spannweite:
2,8–3,5 cm

Beschreibung:
Männchen dunkelbraun, Hinterflügel mit orangen Flecken nahe dem Schwanz. Weibchen ähnlich, aber wenig Orange auf Vorderflügeln. Unterseite beider Geschlechter mittelbraun, breites, oranges Band mit schwarzen Flecken abgesetzt, dünne, weiße Linie über Vorder- und Hinterflügel

Überwinterung:
Ei

Flugzeit:
Frühsommer

Fraßpflanzen der Raupe:
Schlehe *(Prunus)* und verwandte Arten

Ähnliche Art:
Ulmenzipfelfalter

Raupe

Dieser Schmetterling kommt ortsgebunden in Mittel- und Osteuropa vor. Als Bewohner des Tieflands bevorzugt er Waldland und Hecken unter einer Höhe von 1000 m überall, wo er seine Fraßpflanzen findet. Die Raupe ist hellgrün gefärbt und hat purpurrote und weiße Streifen entlang des Rückens. Die Puppe wird auf der Oberseite eines Blattes gebildet, ist aber durch ihr Aussehen gut getarnt. Sie erinnert an Vogelkot.

J	F	M	A	M	J
J	A	S	O	N	D

Kreuzdornzipfelfalter

Strymondia spini

Spannweite:
2,8–3,2 cm

Beschreibung:
Männchen dunkelbraun, kleine, orange Flecken nahe dem Schwanz an den Hinterflügeln. Weibchen ähnlich, aber größer und heller. Unterseiten beider Geschlechter mittelbraun, weißer Streifen über Vorder- und Hinterflügel, Hinterflügel mit kurzem, orangem Band und auffälligem, blauem Fleck

Überwinterung:
Ei

Flugzeit:
Frühsommer

Fraßpflanzen der Raupe:
Kreuzdorn *(Rhamnus)* und Schlehe *(Prunus)*

Dieser Falter ist über ganz Mittel- und Südeuropa mit Ausnahme der Südspitze Italiens und der Mittelmeerinseln verbreitet. Sein Lebensraum sind trockene, lichte Wälder und strauchbestandene Hänge bis etwa 2000 m Höhe. Die hellgrüne Raupe ist an Rücken und Seiten gelblich gestreift. Sie wird von Ameisen umsorgt. Die hellbraune Puppe des Kreuzdornzipfelfalters wird versteckt unter einem Blatt der Fraßpflanze gebildet.

Raupe

J	F	M	A	M	J
J	A	S	O	N	D

Ulmenzipfelfalter

Strymondia w-album

Spannweite:
2,7–3,2 cm

Beschreibung:
Männchen einfach dunkelbraun. Weibchen etwas heller, oranger Fleck nahe dem Schwanz. Unterseite beider Geschlechter mittelbraun, weiße Linie über beiden Flügeln, auf Hinterflügeln deutliches »W«, Hinterflügelrand mit rötlich-orangem Band

Überwinterung:
Ei

Flugzeit:
Frühsommer

Fraßpflanze der Raupe:
Ulme *(Ulmus)*

Ähnliche Art:
Pflaumenzipfelfalter

Dieser Schmetterling ist in ganz Mittel- und Südeuropa, einschließlich Skandinavien, weitverbreitet. In Nordspanien und in den Niederlanden ist der Falter sehr selten. Er bewohnt Lichtungen und Waldränder, manchmal auch Niederwald, in dem Ulmen wachsen, und besucht gerne Brombeerblüten. Die Raupe ernährt sich zunächst von den Ulmenblüten und wechselt dann zu den -blättern. Sie wird von Ameisen umsorgt.

Raupe

J	F	M	A	M	J
J	A	S	O	N	D

Birkenzipfelfalter

Thecla betulae

Spannweite:
3,4–3,8 cm

Beschreibung:
Männchen dunkelbraun, Schwanz orange gefleckt. Weibchen ähnlich, aber großer, hellorange Fleck auf Vorderflügeln. Unterseite beider Geschlechter hell gelbbraun, orange Ränder, weiße Linie über beide Flügel

Überwinterung:
Ei

Flugzeit:
Sommermitte

Fraßpflanzen der Raupe:
Schlehe *(Prunus)* und verwandte Sträucher

Mit Ausnahme des hohen Nordens und des äußersten Südens ist dieser Schmetterling in ganz Europa verbreitet. Er bevorzugt offenes Waldland und Hecken im Tiefland. Gewöhnlich fliegt er hoch oben in den Baumkronen. Er wird nicht von Blüten angelockt, sondern ernährt sich von den süßen und klebrigen Ausscheidungen der Blattläuse. Die grüne, gelb gezeichnete Raupe ist mit ihrem blattähnlichen Aussehen gut getarnt.

Männchen

▲ Weibchen

J	F	M	A	M	J
J	A	S	O	N	D

Brauner Würfelfalter

Hamearis lucina

Spannweite:
2,8–3,4 cm

Beschreibung:
Dunkel orangebraun mit hell orangebraunen Flecken. Unterseiten orangebraun, Vorderflügel dunkler gefleckt, Hinterflügel weiß gefleckt. Weibchen heller

Überwinterung:
Puppe

Flugzeit:
Spätfrühling und Spätsommer, im Norden nur Spätfrühling

Fraßpflanzen der Raupe:
Schlüsselblume und Primel *(Primula)*

Dieser Schmetterling bildet im größten Teil Mittel- und Südeuropas örtliche Vorkommen, wird jedoch stellenweise selten. Man findet ihn auch in Südengland und Südskandinavien, in Südspanien fehlt er. Er ist ein Tieflandbewohner, der offenes Waldland bewohnt. Die Raupe ist hellbraun und mit farbigen, dunkleren Linien und Flecken gezeichnet. Sie versteckt sich immer unter einem Blatt, wo sie sich auch später verpuppt.

Weibchen

Männchen

J	F	M	A	M	J
J	A	S	O	N	D

Kleiner Fuchs

Aglais urticae

Spannweite:
4,5–5 cm

Beschreibung:
Grundfarbe orangerot, schwarz gezeichnet, Ränder mit schwarzen und blauen Halbmonden. Unterseiten dunkel, fast schwarz. Geschlechter gleich

Überwinterung:
Imago

Flugzeit:
Frühling und Frühsommer bis Herbst

Fraßpflanze der Raupe:
Brennessel *(Urtica)*

Ähnliche Art:
Großer Fuchs

Dieser Schmetterling ist einer der bekanntesten Schmetterlinge in Europa. In Gärten besucht er im Hochsommer häufig die Blüten von Sommerflieder und Fetthenne. Im Winter kann man ihn im Haus antreffen, wenn ihn wärmere Witterung aus der Froststarre weckt. Die Männchen verteidigen ein Territorium. Außer im hohen Norden legt das Weibchen zweimal im Jahr Eier ab. Die Raupen des Kleinen Fuchses leben zum Schutz gegen Feinde in einem gemeinsamen Netz.

Raupe

J	F	M	A	M	J
J	A	S	O	N	D

Kleiner Schillerfalter

Apatura ilia

Spannweite:
6,4–7 cm

Beschreibung:
Sehr variabel. Hauptsächlich dunkelbraun, weiß gebändert. Männchen blau schimmernd. Unterseite beider Geschlechter heller, weniger weiß. Vorderflügel mit typischem, kleinem, orangem Kreis

Überwinterung:
Raupe

Flugzeit:
Frühlingsende bis Spätsommer

Fraßpflanzen der Raupe:
Pappel *(Populus)* und Weide *(Salix)*

Ähnliche Art:
Großer Schillerfalter

Dieser Schmetterling lebt in feuchtem, offenem Waldland in Mitteleuropa und Teilen Südeuropas. Er hält sich in den Baumkronen auf und kommt zu Boden, um Wasser und Baumsaft zu trinken oder sich von Aas zu ernähren. Im Norden werden einmal, ansonsten zweimal Eier abgelegt. Die schneckenähnliche, hellgrüne Raupe hat zwei gelbe Kopfhörner und gelbliche Diagonalstreifen an den Seiten. Die blattartige Puppe hängt von der Unterseite eines Blattes herab.

Männchen

Weibchen

J	F	M	A	M	J
J	A	S	O	N	D

Großer Schillerfalter

Apatura iris

Spannweite:
6,2–7,5 cm

Beschreibung:
Dunkelbraun, weiß gebändert und weiß gefleckt. Männchen blau schimmernd. Unterseiten ähnlich, aber viel heller. Weibchen viel größer

Überwinterung:
Raupe

Flugzeit:
Sommermitte

Fraßpflanzen der Raupe:
Salweide und Weide *(Salix)*

Ähnliche Art:
Kleiner Schillerfalter

Diesen Schmetterling findet man im Tiefland von Mittel- und Osteuropa sowie in Südengland. Als Waldbewohner hält er sich meist in den Baumkronen auf und ernährt sich am Boden von Aas, Tierkot und Baumsaft. Die schneckenähnliche Raupe ähnelt der des Kleinen Schillerfalters, hat aber rote Spitzen an ihren Kopfhörnern. Die an ihrem Hinterende von einem Blatt herabhängende Stürzpuppe sieht einem Blatt zum Verwechseln ähnlich.

Männchen

Weibchen

J	F	M	A	M	J
J	A	S	O	N	D

Landkärtchen

Araschnia levana

Spannweite:
3,2–4 cm

Beschreibung:
Erste Generation hell orangebraun, dunkelbraun und weiß gefleckt. Zweite Generation dunkelbraun, weiß gebändert. Unterseiten rötlichbraun, weiß gebändert, Ränder gelblich. Geschlechter gleich

Überwinterung:
Puppe

Flugzeit:
Frühlingsende bis Spätsommer

Fraßpflanze der Raupe:
Brennessel *(Urtica)*

Dieser kleine Falter ist in den Tiefländern Mittel- und Osteuropas zu Hause. Er bewohnt offenes Waldland und Waldränder. Pro Jahr legt das Weibchen zweimal Eier ab. Die Imago der Frühlingsgeneration unterscheidet sich deutlich von der des Sommers. Die Eier liegen in Fäden unter Blättern, die jungen Raupen leben in Gruppen. Sie sind schwarz mit Reihen schwarzer oder brauner, verzweigter Rückendornen.

Unterseite,
2. Generation

links Männchen,
1. Generation
rechts Männchen,
2. Generation

J	F	M	A	M	J
J	A	S	O	N	D

Argynnis adippe

Spannweite:
5–6,2 cm

Beschreibung:
Hell orangebraun, schwarz gefleckt. Unterseiten gelblich braun, Vorderflügel schwarz gefleckt, Hinterflügel mit silbrigen Flecken. Geschlechter gleich

Überwinterung:
Ei

Flugzeit:
Frühsommer

Fraßpflanze der Raupe:
Veilchen

Ähnliche Arten:
A. niobe und *A. aglaja*

Dieser Schmetterling ist außer in Nordskandinavien, Schottland und Irland in ganz Europa recht weit verbreitet. Die Art ist äußerst variabel. Sie bewohnt offenes Waldland und Waldränder bis rund 2500 m Höhe. Als schneller Flieger besucht der Falter gerne Blüten. Man kann ihn auch beim Trinken von Wasser auf der Erde beobachten. Ausgewachsene Raupen verpuppen sich in einem Versteck aus einigen Blättern der Fraßpflanze.

Raupe

J	F	M	A	M	J
J	A	S	O	N	D

Argynnis aglaja

Spannweite:
4,8–5,5 cm

Beschreibung:
Sehr ähnlich *A. adippe*, Unterseite der Hinterflügel olivgrün gezeichnet. Silberne Flecken nahe dem Körper weit gestreut. Geschlechter gleich

Überwinterung:
Raupe

Flugzeit:
Frühsommer

Fraßpflanze der Raupe:
Veilchen

Ähnliche Arten:
A. adippe und *A. niobe*

Dieser Falter bewohnt ganz Europa, ist aber in einigen Gegenden nur stellenweise häufig. Sein Lebensraum sind Wiesen, Heideland und lichte Wälder bis in Höhen von etwa 3000 m. Die Raupe schlüpft im August, frißt ihre Eihülle und überwintert dann sofort. Erst im Frühling, wenn ihre Fraßpflanze wächst, frißt sie wieder. Ausgewachsene Raupen verpuppen sich in einem Versteck aus einigen zusammengezogenen Blättern.

Raupe

J	F	M	A	M	J
J	A	S	O	N	D

Kleiner Perlmutterfalter

Argynnis lathonia

Spannweite:
3,8–5 cm

Beschreibung:
Leuchtend orangebraun mit schwarzen Flecken. Unterseiten etwas heller, Vorderflügel schwarz gefleckt, Hinterflügel mit sehr großen, silbrigen Flecken. Geschlechter gleich

Überwinterung:
Ei, Raupe, Puppe oder Imago, je nach Gebiet

Flugzeit:
Frühlingsbeginn bis Herbstanfang

Fraßpflanze der Raupe:
Veilchen *(Viola)*

In Südeuropa ist er sehr häufig. Als Wanderfalter erreicht er in jedem Sommer auch den übrigen Kontinent und kommt nördlich sogar bis nach Südskandinavien. Er bewohnt Wiesen und Heideland bis in Höhen von rund 2500 m. Im südlichen Verbreitungsgebiet legen die Weibchen zwei- bis dreimal pro Jahr ihre Eier ab. Die ausgewachsenen Raupen verpuppen sich unter Blättern der Fraßpflanze.

Raupe

J	F	M	A	M	J
J	A	S	O	N	D

Argynnis niobe

Spannweite:
4,6–5,5 cm

Beschreibung:
Sehr ähnlich *A. adippe*, aber kleiner, Adern auf der Unterseite der Hinterflügel in Schwarz hervorgehoben, silbrige Flecken können fehlen

Überwinterung:
Raupe

Flugzeit:
Frühsommer

Fraßpflanzen der Raupe:
Veilchen *(Viola)*, auch Wegerich *(Plantago)*

Ähnliche Arten:
A. adippe und *A. aglaja*

Dieser Falter ist außer in Nordskandinavien und Großbritannien in ganz Europa häufig. Er bewohnt Blumenwiesen und Waldränder bis 2500 m Höhe. Bei der häufigsten Form dieses Falters fehlen die silbrigen Flecken auf der Unterseite. In bestimmten Gegenden wie in Zentralfrankreich ist die gattungstypischere Art verbreiteter. Frisch geschlüpfte Raupen beginnen erst nach dem Überwintern zu fressen. Die Raupen von *Argynnis niobe* verpuppen sich unter Blättern.

Raupe

J	F	M	A	M	J
J	A	S	O	N	D

Kaisermantel

Argynnis paphia

Spannweite:
5,5–7 cm

Beschreibung:
Leuchtend orangebraun, mit schwarzen Flecken und Streifen. Unterseite der Vorderflügel ähnlich, Hinterflügel auf der Unterseite olivgrün, Silberzeichnung in Streifen, nicht in Flecken. Weibchen dunkler

Überwinterung:
Raupe

Flugzeit:
Frühsommer bis Sommermitte

Fraßpflanze der Raupe:
Veilchen *(Viola)*

Ähnliche Art:
Kardinal

Sehr häufig in lichten und tieferen Wäldern überall in Europa, außer in Nordskandinavien und Südspanien. Seine Eier legt der Kaisermantel im Hochsommer auf Baumstümpfe. Frisch geschlüpfte Raupen fressen nur ihre Eihüllen, verpuppen sich dann und beginnen erst im folgenden Frühling an ihren Fraßpflanzen zu fressen. Sie sind schwarz, haben zwei gelbe Streifen entlang des Rückens und verzweigte Rückendornen.

Männchen

Weibchen

Hochmoor-Perlmutterfalter

Boloria aquilonaris

J	F	M	A	M	J
J	A	S	O	N	D

Spannweite:
3,2–3,5 cm

Beschreibung:
Hellorangebraun. Unterseite heller, rötlichbraun gezeichnet, gelblich und schwarz gefleckt. Weibchen dunkler, deutlicher gezeichnet

Überwinterung:
Raupe

Flugzeit:
Frühsommer

Fraßpflanze der Raupe:
Moosbeere *(Vaccinium)*

Er ist ein Bergbewohner, der in ganz Mittel- und Nordosteuropa vorkommt. Gelegentlich kann man ihn auch im Tiefland beobachten. Sein Lebensraum sind Moore und Sümpfe bis rund 2000 m Höhe. Die schwarzen Raupen haben am Rücken zwei weißliche Streifen und Reihen gelber, verzweigter Dornen. In kalten Gegenden überwintert die Raupe manchmal zwei Winter, so daß der Lebenszyklus zwei Jahre dauert.

Falter bei der Paarung

Raupe

J	F	M	A	M	J
J	A	S	O	N	D

Boloria dia

Spannweite:
3-3,4 cm

Beschreibung:
Hellorangebraun, schwarz gefleckt. Unterseite der Vorderflügel ähnlich, aber heller, Hinterflügel violettbraun mit weißen Flecken. Geschlechter gleich

Überwinterung:
Raupe

Flugzeit:
Frühlingsmitte bis Herbstbeginn

Fraßpflanzen der Raupe:
Veilchen *(Viola)* und Brombeerstrauch *(Rubus)*

In fast ganz Zentral- und Osteuropa ist dieser Perlmutterfalter häufig. Weiter im Süden gibt es nur noch vereinzelte Vorkommen. Sein Lebensraum ist offenes Waldland, die Ränder dichter Wälder und Wiesen an flachen Hängen nicht über 1000 m. Pro Jahr legt das Weibchen zwei- bis dreimal ihre Eier ab. Man kann den Schmetterling das ganze Jahr über bis in den Herbst fliegen sehen.

Raupe

J	F	M	A	M	J
J	A	S	O	N	D

Boloria euphrosyne

Spannweite:
3,8–4,6 cm

Beschreibung:
Hellorangebraun, schwarz gefleckt. Unterseite ähnlich, heller, Vorderflügel mit schwarzen Flecken, Hinterflügel rötlichbraun mit silbrigen Flecken. Geschlechter gleich

Überwinterung:
Raupe

Flugzeit:
Frühlingsmitte bis -ende und Sommermitte

Fraßpflanze der Raupe:
Veilchen *(Viola)*

Ähnliche Art:
B. selene

Dieser Schmetterling ist in Europa recht verbreitet, fehlt aber in Südspanien. Er bewohnt offenes Waldland, Waldränder, Wiesen und Heideland bis in etwa 2000 m Höhe. Das Weibchen legt einmal, im wärmeren Süden auch zweimal im Jahr seine Eier ab. Die Raupe stellt sich eine Hülle aus einem zusammengerollten Blatt der Fraßpflanze her, in der sie den Winter verbringt.

Raupe

J	F	M	A	M	J
J	A	S	O	N	D

Boloria selene

Spannweite:
3,6–4,2 cm

Beschreibung:
Sehr ähnlich dem *B. euphrosyne*, braune Flecken auf der Unterseite der Hinterflügel dunkler und mehr silbrige Flecken in Körpernähe. Geschlechter gleich

Überwinterung:
Raupe

Flugzeit:
Im Norden Frühsommer, im Süden Frühlings- und Sommermitte

Fraßpflanze der Raupe:
Veilchen *(Viola)*

Ähnliche Art:
B. euphrosyne

Er kommt in ganz Nord- und Mitteleuropa und in einigen Teilen Südeuropas recht häufig vor. Sein Lebensraum ist offenes Waldland im Gebirge, auch Moore und Heideland bis etwa 2000 m Höhe. Pro Jahr werden im Norden des Verbreitungsgebietes einmal Eier abgelegt, im Süden auch zweimal. Die Raupe verbringt den Winter in einem zusammengerollten Blatt und verpuppt sich unter einem Blatt der Fraßpflanze.

Raupe

J	F	M	A	M	J
J	A	S	O	N	D

Boloria thore

Spannweite:
4–4,8 cm

Beschreibung:
Variabel orangebraun, mit schwarzer Zeichnung, die weiter südlich sehr dunkel ist. Unterseite braun, gelb und weiß gefleckt, weiter nördlich sehr hell. Weibchen gewöhnlich größer

Überwinterung:
Raupe

Flugzeit:
Frühsommer bis Sommermitte

Fraßpflanze der Raupe:
Veilchen *(Viola)*

Diesen variablen Schmetterling findet man in drei unterschiedlichen Teilen Europas: in den Alpen, in Südfinnland und in Nordskandinavien. Die skandinavische Imago ist hell und bewohnt Hügelland in Meereshöhe. Die Falter der übrigen Verbreitungsgebiete bewohnen Waldland zwischen 1000 m und etwa 2000 m Höhe. Die Raupen müssen zweimal überwintern, bevor sie sich unter einem geeigneten Blatt verpuppen können.

Unterseite der nördlichen Rasse

Raupe

J	F	M	A	M	J
J	A	S	O	N	D

Boloria titania

Spannweite:
4,4–4,8 cm

Beschreibung:
Leuchtend orangebraun, schwarz gezeichnet. Hinterflügel auf der Unterseite braun und cremefarben marmoriert, schwärzliche Zeichnung. Weibchen größer und heller

Überwinterung:
Raupe

Flugzeit:
Frühsommer bis Sommermitte

Fraßpflanze der Raupe:
Veilchen *(Viola)*

Er kommt östlich des Baltischen Meeres bis nach Rußland vor. In den Schweizer und italienischen Alpen gibt es einzelne, kleine Vorkommen. Der Schmetterling bewohnt licht bewaldete Gegenden und die Ränder von Kahlschlägen zwischen 1000 m und 2000 m Höhe. Die Imago der Alpen hat eine deutliche, violette Färbung auf der Unterseite der Hinterflügel. Die ausgewachsenen Raupen verpuppen sich unter Blättern der Fraßpflanze.

Raupe

J	F	M	A	M	J
J	A	S	O	N	D

Brombeer-Perlmutterfalter

Brenthis daphne

Spannweite:
4,2–5,2 cm

Beschreibung:
Hellorangebraun, schwarz gefleckt. Vorderflügel auf der Unterseite ähnlich, Hinterflügel orangebraun und hellviolettbraun marmoriert, Zeichnung aus einer Reihe gelber Punkte. Weibchen ähnlich, größer

Überwinterung:
Raupe

Flugzeit:
Frühsommer

Fraßpflanzen der Raupe:
Veilchen *(Viola)* und Brombeerstrauch *(Rubus)*

Ähnliche Art:
Violetter Silberfalter

Dieser Schmetterling kommt in fast ganz Südeuropa vor. Er liebt sonnige, blütenreiche, trockene Felder und Wiesen bis etwa 1500 m Höhe. In der Regel hält er sich aber im wärmeren Tiefland auf. Der Falter besucht gerne Brombeerblüten. Die schwarze Raupe ist am Rücken und an den Seiten mit weißen Linien gezeichnet und hat gelbe, verzweigte Rückendornen. Die Raupen verpuppen sich unter den Blättern der Fraßpflanze.

Raupe

J	F	M	A	M	J
J	A	S	O	N	D

Violetter Silberfalter

Brenthis ino

Spannweite:
3,4–4 cm

Beschreibung:
Sehr ähnlich dem Brombeer-Perlmutterfalter, aber Unterseite der Hinterflügel mit gelblichem Fleck in Körpernähe

Überwinterung:
Raupe

Flugzeit:
Frühsommer

Fraßpflanzen der Raupe:
Mädesüß *(Filipendula)*, Geißbart *(Aruncus)* und verwandte Pflanzen

Ähnliche Art:
Brombeer-Perlmutterfalter

Außer in Großbritannien bewohnt er in örtlich verstreuten Vorkommen fast ganz Nord- und Mitteleuropa. Weiter südlich ist er relativ selten. Man findet den Falter in Marschen, Mooren und feuchtem, offenem Waldland bis 1500 m Höhe. Er besucht sehr gern Brombeer- und Distelblüten. Die Raupe verbringt den Tag am Grunde ihrer Fraßpflanze und frißt hauptsächlich nachts. Ausgewachsen, verpuppt sie sich unter einem Blatt.

Raupe

J	F	M	A	M	J
J	A	S	O	N	D

Charaxes jasius

Spannweite:
7,6–8,5 cm

Beschreibung:
Satt dunkelbraun, breite, gelbe Ränder, Hinterflügel schwarz umrandet, doppelt geschwänzt. Unterseite mit Flecken und Streifen vielfarbig gemustert, in der Mitte breites, weißes Band. Weibchen größer

Überwinterung:
Raupe

Flugzeit:
Spätfrühling und Spätsommer

Fraßpflanze der Raupe:
Erdbeerbaum *(Arbutus)*

Dieser unverwechselbare Fleckenfalter ist an den Küsten um die Mittelmeerinseln sowie in Portugal stellenweise häufig. Der kraftvolle, schnelle Flieger verbringt die meiste Zeit hoch oben in den Baumkronen. Am Boden ernährt er sich von faulenden Früchten. Jedes Jahr werden zweimal Eier sehr weit unten an der Fraßpflanze abgelegt. Die Raupe verpuppt sich unter einem Blatt. Die Puppe sieht einem Blatt sehr ähnlich.

Raupe

J	F	M	A	M	J
J	A	S	O	N	D

Distelfalter

Cynthia cardui

Spannweite:
5,4–5,8 cm

Beschreibung:
Hellrosabraun, schwarz gefleckt, Vorderflügel mit weißen Flecken. Unterseite hell- und mittelbraun marmoriert, Hinterflügel mit Reihe blauer Augenflecken. Geschlechter gleich

Überwinterung:
Imago, aber nur im äußersten Süden

Flugzeit:
Frühlingsmitte bis Spätherbst

Fraßpflanzen der Raupe:
Distel *(Carduus)* und Brennessel *(Urtica)*

Dieser Falter ist eigentlich in Afrika beheimatet, wandert aber jedes Jahr nach Europa. Er kann jedoch – außer im äußersten Süden – nicht überwintern. Im Sommer sieht man ihn auch recht häufig in Parks und Gärten bis in eine Höhe von etwa 2500 m Höhe. Die Wanderfalter legen ein-, gelegentlich auch zweimal Eier ab. Die junge Raupe des Distelfalters schützt sich in einer Hülle aus ein bis zwei Blättern der Fraßpflanze und verpuppt sich in einer ähnlichen Umhüllung.

Raupe

J	F	M	A	M	J
J	A	S	O	N	D

Eurodryas aurinia

Spannweite:
3,5–4,6 cm

Beschreibung:
Hellgelblichbraun, orangebraun gezeichnet, dunkelbraun gefleckt. Unterseite hellorangebraun mit gelblichen Flecken. Weibchen größer und heller

Überwinterung:
Raupe

Flugzeit:
Spätfrühling

Fraßpflanzen der Raupe:
Skabiose *(Scabiosa)* und Wegerich *(Plantago)*

Dieser Falter ist in Europa relativ verbreitet. Er fehlt in Nordskandinavien und kommt in Italien sowie auf den Britischen Inseln nur stellenweise vor. Er liebt offenes, feuchtes oder trockenes Gelände wie Sümpfe, Moore und Wiesen bis etwa 2200 m Höhe. Die schwarze Raupe hat an jeder Seite einen hellen Streifen und Reihen verzweigter Rückendornen. Die Raupen dieses Fleckenfalters leben in Gruppen und stellen sich als Schutz für den Winter ein gemeinsames Gewebe her.

Weibchen

Männchen

J	F	M	A	M	J
J	A	S	O	N	D

Tagpfauenauge

Inachis io

Spannweite:
5,4–5,8 cm

Beschreibung:
Dunkel rötlichbraun, schwarz und gelb gezeichnet, auf allen Flügeln großer, fliederfarbener Augenfleck. Unterseite größtenteils schwarz. Geschlechter gleich

Überwinterung:
Imago

Flugzeit:
Sommermitte bis Herbstbeginn und Frühlingsanfang bis -mitte

Fraßpflanze der Raupe:
Brennessel *(Urtica)*

Diesen sehr häufigen Schmetterling findet man außer in Nordschottland und Nordskandinavien in ganz Europa. Er hält sich in Parks und Gärten mit vielen Blüten bis etwa 2000 m Höhe auf. Junge Raupen leben in Gruppen und trennen sich voneinander, wenn sie ausgewachsen sind. Vor der Verpuppung entfernen sie sich ein Stück von ihrer Fraßpflanze. Die Imago sucht gelegentlich in Häusern nach einem Platz zum Überwintern.

Raupe

J	F	M	A	M	J
J	A	S	O	N	D

Kleiner Eisvogel

Limenitis camilla

Spannweite:
5,2–6 cm

Beschreibung:
Dunkelbraun, weißes Band in der Mitte jedes Flügels. Muster der Unterseite ähnlich, aber grau und gelbbraun anstelle dunkelbraun, zwei Reihen schwarzer Flecken am Hinterflügelrand. Geschlechter gleich

Überwinterung:
Raupe

Flugzeit:
Frühsommer

Fraßpflanze der Raupe:
Geißblatt *(Lonicera)*

Ähnliche Art:
Blauschwarzer Eisvogel

Dieser Schmetterling ist hauptsächlich in Mittel- und Osteuropa verbreitet. Im Süden kommt er vereinzelt vor. Als Bewohner des Waldlands bevorzugt er feuchte Regionen bis in etwa 1500 m Höhe und besucht sehr gerne Brombeerblüten. Die frisch geschlüpften Raupen sind braun. Sie stellen sich ein Dach aus einem Blatt her und verbringen den Winter in seinem Schutz. Nach dem Überwintern verfärben sie sich grün.

Raupe

J	F	M	A	M	J
J	A	S	O	N	D

Großer Eisvogel

Limenitis populi

Spannweite:
7-8 cm

Beschreibung:
Dunkelbraun, weißlich gefleckt, Reihe orangebrauner Halbmonde am Hinterflügelrand. Unterseite orangebraun und grau, weiß gefleckt. Geschlechter gleich

Überwinterung:
Raupe

Flugzeit:
Frühsommer

Fraßpflanze der Raupe:
Pappel *(Populus)*

Dieser Falter ist in ganz Nord- und Mitteleuropa beheimatet. Im Westen ist er seltener und fehlt in Nordskandinavien und Großbritannien ganz. Er bewohnt feuchte, lichte Wälder bis rund 1000 m Höhe. Die meiste Zeit hält er sich in den Baumkronen auf und ernährt sich am Boden von Tierkot und Aas. Die Raupen sind erst braun, überwintern auf einem Zweig und verfärben sich im Frühling, wenn das Laub zu sprießen beginnt, grün.

Raupe

J	F	M	A	M	J
J	A	S	O	N	D

Blauschwarzer Eisvogel

Limenitis reducta

Spannweite:
4,6–5,4 cm

Beschreibung:
Sehr ähnlich dem Kleinen Eisvogel, aber auf Vorderflügeln ein weißer Fleck näher am Körper. Hinterflügelrand auf der Unterseite mit nur einer Reihe schwarzer Flecken

Überwinterung:
Raupe

Flugzeit:
Frühlingsmitte bis Spätsommer

Fraßpflanze der Raupe:
Geißblatt *(Lonicera)*

Ähnliche Art:
Kleiner Eisvogel

Er ist in fast ganz Südeuropa verbreitet, fehlt jedoch in Südspanien und ist in Nordwestfrankreich selten. Er bewohnt offenes Waldland und Waldränder bis 1500 m Höhe. Pro Jahr gibt es 2–3 Eiablagen. Die Raupen sind zunächst braun. Die zuletzt ausschlüpfenden Raupen verbringen den Winter im Schutz eines gefalteten Blattes und verfärben sich im Frühjahr grün. Die Puppe dieses Falters ähnelt einem vertrockneten Blatt.

J	F	M	A	M	J
J	A	S	O	N	D

Gemeiner Scheckenfalter

Melitaea cinxia

Spannweite:
3,2–4,3 cm

Beschreibung:
Hellorangebraun mit dunkelbrauner Zeichnung. Unterseiten hellorangebraun, cremefarbene Zeichnung, schwarz gefleckt. Stets ohne silbrige Flecken. Weibchen größer und heller

Überwinterung:
Raupe

Flugzeit:
Spätfrühling, im Süden auch Spätsommer

Fraßpflanze der Raupe:
Wegerich *(Plantago)*

Dieser recht häufige Schmetterling ist in fast ganz Europa verbreitet, fehlt aber in Nordskandinavien und Südspanien. Sein bevorzugter Lebensraum sind Blumenwiesen bis etwa 2000 m Höhe. Die jungen Raupen leben zusammen in einem gesponnenen Zelt, in dem die überwinternde Generation auch den Winter verbringt. Die ausgewachsenen Raupen dieses Falters sehen Wegerichblüten zum Verwechseln ähnlich.

Raupe

J	F	M	A	M	J
J	A	S	O	N	D

Silberscheckenfalter

Melitaea diamina

Spannweite:
3,4–4,2 cm

Beschreibung:
Dunkelbraun mit orangebraunen Flecken, Hinterflügel beim Männchen größtenteils braun. Unterseite hellorangebraun, gelblich gefleckt. Weibchen stärker gefleckt, häufig heller

Überwinterung:
Raupe

Flugzeit:
Spätfrühling bis Frühsommer, im Süden auch Sommermitte

Fraßpflanzen der Raupe:
Wegerich *(Plantago)*, Ehrenpreis *(Veronica)* und andere, niedere Pflanzen

Im größten Teil von Mittel- und Osteuropa sowie in Nordspanien ist er recht weit verbreitet. In Südskandinavien und Nordwestfrankreich kommt er vereinzelt vor. Er bewohnt feuchtes Grasland sowie Waldränder bis etwa 2000 m Höhe. Je nach dem Gebiet legt er ein- oder zweimal im Jahr Eier ab. Die jungen Raupen leben zusammen in einem gesponnenen Zelt. Ausgewachsen oder nach dem Überwintern trennen sie sich.

Raupe

J	F	M	A	M	J
J	A	S	O	N	D

Roter Scheckenfalter

Melitaea didyma

Spannweite:
3,6–4,4 cm

Beschreibung:
Hell orangebraun mit dunkelbraunen Flecken. Unterseite ähnlich dem Gemeinen Scheckenfalter. Weibchen oft heller

Überwinterung:
Raupe

Flugzeit:
Frühlingsmitte bis Spätsommer

Fraßpflanzen der Raupe:
Wegerich *(Plantago)*, Ehrenpreis *(Veronica)* und Leinkraut *(Linaria)*

Ähnliche Art:
M. trivia

Dieser häufige Schmetterling ist in ganz Mittel- und Südeuropa verbreitet. Er bewohnt sonnige Blumenwiesen und offenes Waldland bis 2000 m. Die Art ist sehr variabel, so daß viele verschiedene Formen benannt wurden. Pro Jahr gibt es je nach Gebiet bis zu drei Eiablagen. Die jungen Raupen schützen sich durch ein gemeinsames seidenes Zelt, in dem die letzte Generation des Jahres auch überwintert. Größere Raupen leben einzeln.

Raupe

J	F	M	A	M	J
J	A	S	O	N	D

Großer Scheckenfalter

Melitaea phoebe

Spannweite:
4–4,8 cm

Beschreibung:
Hellorangebraun mit dunkelbrauner Zeichnung, gelblich gefleckt. Unterseite ähnlich, aber Flecken hellcremegelb. Weibchen größer

Überwinterung:
Raupe

Flugzeit:
Frühlingsmitte bis Spätsommer, je nach Gebiet

Fraßpflanze der Raupe:
Flockenblume

Diese formenreiche Schmetterlingsart ist in Mittel- und Südeuropa verbreitet. Der Falter bewohnt Blumenwiesen bis rund 2000 m. Je nach Region erfolgt die Eiablage ein- bis dreimal pro Jahr. Junge Raupen teilen sich ein gesponnenes Zelt, in dem die letzte Generation des Jahres auch überwintert. Die ausgewachsenen Raupen trennen sich voneinander. Ihre Verpuppung findet unter einem Blatt der Fraßpflanze statt.

Raupe

J	F	M	A	M	J
J	A	S	O	N	D

Melitaea trivia

Spannweite:
3,4–3,8 cm

Beschreibung:
Ähnlich dem Roten Scheckenfalter, aber gewöhnlich kleiner und Zeichnung der Unterseite weniger dunkel

Überwinterung:
Raupe

Flugzeit:
Spätfrühling und Sommermitte

Fraßpflanze der Raupe:
Königskerze *(Verbascum)*

Ähnliche Art:
Roter Scheckenfalter

Dieser Falter ist in Osteuropa recht häufig. Von Italien bis Nordspanien gibt es vereinzelte Kolonien. Er bewohnt Blumenwiesen und rauhes offenes Gelände, gewöhnlich im Hügelland oder im Gebirge bis 1500 m Höhe. Pro Jahr gibt es zwei Eiablagen. Die jungen Raupen leben zusammen in einem seidenen Zelt, in dem die zweite Generation auch überwintert. Die Verpuppung der Raupen erfolgt unter einem Blatt der Fraßpflanze.

Raupe

J	F	M	A	M	J
J	A	S	O	N	D

Wachtelweizen-Scheckenfalter

Mellicta athalia

Spannweite:
3,4–4,6 cm

Beschreibung:
Hellorangebraun mit starker dunkelbrauner Zeichnung. Unterseite hellgelb, orangebraun gezeichnet und weiß gefleckt. Weibchen größer

Überwinterung:
Raupe

Flugzeit:
Frühlingsmitte bis Spätsommer.
Je nach Gebiet 1–3 Eiablagen

Fraßpflanzen der Raupe:
Wachtelweizen *(Melampyrum)* und Wegerich *(Plantago)*

Ähnliche Arten:
Westlicher Scheckenfalter, *M.aurelia* und *M. deione*

Dieser häufige und variable Schmetterling ist außer in Südspanien in ganz Europa zu finden. Blumenwiesen, offenes Waldland und Waldränder bis in rund 2000 m Höhe sind sein bevorzugter Lebensraum. Die Raupen leben in Gruppen in einem gesponnenen Zelt, das sie auch beim Überwintern als Schutz verwenden. Wenn sie größer geworden sind, leben sie getrennt. Die Raupen verpuppen sich unter einem Blatt ihrer Fraßpflanzen.

Raupe

J	F	M	A	M	J
J	A	S	O	N	D

Mellicta aurelia

Spannweite:
2,8–3,2 cm

Beschreibung:
Sehr ähnlich dem Wachtelweizen-Scheckenfalter, aber kleiner und weniger stark gezeichnet

Überwinterung:
Raupe

Flugzeit:
Frühsommer

Fraßpflanzen der Raupe:
Wegerich *(Plantago)*, Wachtelweizen *(Melampyrum)* und Ehrenpreis *(Veronica)*

Ähnliche Arten:
Wachtelweizen-Scheckenfalter und Westlicher Scheckenfalter

Der Schmetterling ist in Mittel- und Osteuropa häufig. Er bevorzugt Heideland, Wiesen und Moore mit vielen Blumen bis etwa 1500 m Höhe. Die schwarze Raupe ist mit winzigen, weißen Punkten gezeichnet und trägt hellbraune, verzweigte Rückendornen. Junge Raupen leben zusammen in einem seidenen Zelt, in dem sie überwintern. Im Frühling leben die älteren Raupen einzeln und wärmen sich oft in der Sonne.

Raupe

J	F	M	A	M	J
J	A	S	O	N	D

Mellicta deione

Spannweite:
4–4,5 cm

Beschreibung:
Sehr ähnlich dem Wachtelweizen-Scheckenfalter. Unterscheidungsmerkmal ist die Anzahl schwarzer Punkte auf der Unterseite der Vorderflügel: 3

Überwinterung:
Raupe

Flugzeit:
Spätfrühling bis Frühsommer und Spätsommer bis Herbstbeginn

Fraßpflanze der Raupe:
Leinkraut *(Linaria)*

Ähnliche Art:
Wachtelweizen-Scheckenfalter

Das Verbreitungsgebiet reicht in Südwesteuropa von Portugal und Spanien bis Italien. Er kommt an blumenbestandenen Feldern und Wiesen im Hügelland bis in 1700 m Höhe vor. Die Art ist sehr formenreich, so daß man sie leicht mit dem Wachtelweizen-Scheckenfalter verwechselt. Die schwarze Raupe hat eine weiße Punktzeichnung und viele hellbraune, verzweigte Rückendornen. Pro Jahr gibt es zwei Eiablagen.

Weibchen

Männchen

J	F	M	A	M	J
J	A	S	O	N	D

Westlicher Scheckenfalter

Mellicta parthenoides

Spannweite:
3,2–3,6 cm

Beschreibung:
Sehr ähnlich dem Wachtelweizen-Scheckenfalter und *M. aurelia*, aber nicht so dunkel gezeichnet. Weibchen heller

Überwinterung:
Raupe

Flugzeit:
Spätfrühling und Spätsommer, im Gebirge nur Frühsommer

Fraßpflanzen der Raupe:
Wegerich *(Plantago)* und Skabiose *(Scabiosa)*

Ähnliche Arten:
Wachtelweizen-Scheckenfalter und *M. aurelia*

Er ist nur in Westeuropa von Frankreich über die Schweiz und Italien bis Spanien verbreitet. Er hält sich bevorzugt im Tiefland auf, steigt aber bis rund 2000 m Höhe. Er bewohnt feuchte Blumenwiesen. Pro Jahr gibt es zwei Eiablagen, im Gebirge werden nur einmal Eier abgelegt. Die Raupen sind schwarz, mit winzigen, weißen Punkten gezeichnet und haben gelbe, verzweigte Rückendornen. Sie leben zusammen in einem seidenen Zelt.

Männchen

Weibchen

J	F	M	A	M	J
J	A	S	O	N	D

Trauermantel

Nymphalis antiopa

Spannweite:
6–6,8 cm

Beschreibung:
Dunkelviolettbraun, Flügelränder gelb, darüber Reihe blauer Punkte. Unterseite größtenteils schwarz, Ränder dunkelcremefarben. Geschlechter gleich

Überwinterung:
Imago

Flugzeit:
Früh- bis Spätsommer und Frühlingsbeginn bis -ende

Fraßpflanzen der Raupe:
Weide *(Salix)*, Birke *(Betula)* und Ulme *(Ulmus)*

Außer in Großbritannien und Südspanien bewohnt dieser Schmetterling ganz Europa. Im hohen Norden ist er nur ein Besucher, der im Sommer dorthin wandert. Er lebt in offenem Waldland und rauhem, offenem Gelände im Hügelland bis in etwa 2500 m Höhe. Selten besucht er Blüten, er ernährt sich von Baumsaft und verfaulenden Früchten. Die Raupen bewohnen zusammen ein seidenes Zelt und trennen sich zur Verpuppung.

Raupe

J	F	M	A	M	J
J	A	S	O	N	D

Großer Fuchs

Nymphalis polychloros

Spannweite:
5–6,4 cm

Beschreibung:
Ähnlich dem Kleinen Fuchs, aber größer und dunkler, blaue Halbmonde nur auf den Hinterflügeln

Überwinterung:
Imago

Flugzeit:
Früh- bis Spätsommer und Frühlingsanfang bis -mitte

Fraßpflanzen der Raupe:
Ulme *(Ulmus)*, Weide *(Salix)* und Pappel *(Populus)*

Ähnliche Art:
Kleiner Fuchs

Dieser in fast ganz Europa recht häufige Schmetterling fehlt in Nordskandinavien und ist in Großbritannien sehr selten. Er bewohnt offenes Waldland und Waldränder bis 2000 m Höhe. Im Frühling kann man ihn oft beim Besuch von Weidenkätzchen beobachten. Die jungen Raupen bewohnen gemeinsam ein lockeres Zelt. Ausgewachsenere Raupen leben einzeln und verpuppen sich unter einem Blatt ihrer Fraßpflanze.

Raupe

J	F	M	A	M	J
J	A	S	O	N	D

Kardinal

Pandoriana pandora

Spannweite:
6,4–8 cm

Beschreibung:
Sehr ähnlich dem Kaisermantel, aber Unterseite der Vorderflügel mit großem rosaroten Flecken

Überwinterung:
Raupe

Flugzeit:
Frühsommer

Fraßpflanze der Raupe:
Veilchen *(Viola)*

Ähnliche Art:
Kaisermantel

Dieser ziemlich große Schmetterling ist in der Südhälfte Europas recht verbreitet. Blumenwiesen und Waldränder bis rund 2000 m sind sein bevorzugter Lebensraum, er besucht gerne Distelblüten. Die braune Raupe ist am Rücken mit einem breiten, grau gestrichelten Band gezeichnet und trägt braune, verzweigte Rückendornen. Sie frißt nachts. Ausgewachsene Raupen verpuppen sich unter einem Blatt der Fraßpflanze.

Männchen

▲ Weibchen, Unterseite

J	F	M	A	M	J
J	A	S	O	N	D

C-Falter

Polygonia c-album

Spannweite:
4,4–4,8 cm

Beschreibung:
Leuchtend orangebraun, mit dunkelbraunen Flecken und Rändern. Unterseiten dunkelbraun, grün gezeichnet, auf dem Hinterflügel weißes C, Flügelränder auffällig gezackt. Geschlechter gleich

Überwinterung:
Imago

Flugzeit:
Sommermitte bis Herbstbeginn und Frühlingsanfang bis -ende

Fraßpflanzen der Raupe:
Brennessel *(Urtica)*, Hopfen *(Humulus)* und Ulme *(Ulmus)*

Außer dem hohen Norden bewohnt dieser häufige Schmetterling ganz Europa. Sein Lebensraum erstreckt sich auf offenes Waldland, Hecken, Parks und Gärten bis in eine Höhe von etwa 2000 m. Die Weibchen legen pro Jahr zweimal ihre Eier ab, wobei die Imago der ersten Generation in der Regel heller ist als die der zweiten. Die Raupen sind braun, haben eine schwarze Zeichnung und auf dem Rücken einen weißen Fleck.

links 2. Generation
rechts 1. Generation

J	F	M	A	M	J
J	A	S	O	N	D

Randring-Perlmutterfalter

Proclossiana eunomia

Spannweite:
3,2–4,6 cm

Beschreibung:
Hellorangebraun mit dunkelbrauner Zeichnung. Unterseite sandfarben, orangebraun und hellgelb oder silbrig gefleckt. Geschlechter gleich

Überwinterung:
Raupe

Flugzeit:
Frühsommer

Fraßpflanzen der Raupe:
Wiesenknöterich *(Polygonum)* und Moosbeere *(Vaccinium)*

Er ist in Nordosteuropa weitverbreitet, ist dagegen in Frankreich, Deutschland, Österreich und Bulgarien nur sehr verstreut anzutreffen. Sein Lebensraum sind Torfmoore und Niedermoore bis in rund 1500 m Höhe. Pro Jahr gibt es nur eine Generation. In den kältesten Gegenden kann der Lebenszyklus des Falters zwei Jahre dauern, wobei die Raupen zweimal überwintern. Die Raupen wärmen sich sehr gerne in der Sonne.

Raupe

J	F	M	A	M	J
J	A	S	O	N	D

Admiral

Vanessa atalanta

Spannweite:
5,6–6,2 cm

Beschreibung:
Schwarz mit roten Bändern und weißen Flecken. Unterseite größtenteils dunkelbraun, schwarz und blau gesprenkelt. Geschlechter gleich

Überwinterung:
Imago, überlebt sehr selten den Winter im Norden

Flugzeit:
Spätfrühling bis Herbstbeginn und Frühlingsanfang bis -mitte

Fraßpflanze der Raupe:
Brennessel *(Urtica)*

Dieser häufige Falter bewohnt eigentlich Südeuropa, wandert aber jedes Jahr nordwärts und erreicht auch alle anderen Teile des Kontinents. Er hält sich überall auf, wo er Blüten findet, auch in Gärten. Im Herbst wird er stark von verfaulenden Früchten angelockt. Die Raupe wächst in einem Versteck aus einem gefalteten Blatt heran. Ausgewachsene Raupen des Admirals verpuppen sich in einiger Entfernung von ihrer Fraßpflanze.

Raupe

J	F	M	A	M	J
J	A	S	O	N	D

Zürgelbaum-Schnauzenfalter

Libythea celtis

Spannweite:
3,4–4,4 cm

Beschreibung:
Dunkelbraun mit großen, hellorangebraunen Flecken, auf jedem Vorderflügel ein weißer Fleck. Unterseite ähnelt altem, braunem Blatt. Geschlechter gleich

Überwinterung:
Imago

Flugzeit:
Früh- bis Spätsommer und Frühlingsanfang bis -ende

Fraßpflanze der Raupe:
Zürgelbaum *(Celtis)*

Dieser leicht erkennbare Schmetterling ist in Südeuropa recht häufig. Er bewohnt offenes Waldland und Gestrüpp überall, wo seine Fraßpflanze wächst. Er ist ein Tieflandbewohner, den man selten über 1000 m Höhe sieht. Ausnahmen gibt es im Spätsommer, wenn er kurze Strecken zu wandern beginnt. Er fliegt einen Sommer lang, bevor er sich im folgenden Frühjahr paart und Eier ablegt. Die Raupen leben in Gruppen zusammen.

Raupen

J	F	M	A	M	J
J	A	S	O	N	D

Brauner Waldvogel

Aphantopus hyperantus

Spannweite:
4–4,8 cm

Beschreibung:
Sehr dunkelbraun, jeder Flügel mit 1–2 Augenflecken. Unterseite dunkelbraun, mehrere schwarze, gelb umrandete Augenflecken. Geschlechter gleich

Überwinterung:
Raupe

Flugzeit:
Frühsommer

Fraßpflanzen der Raupe:
Verschiedene Gräser

Dieser Schmetterling ist in fast ganz Europa verbreitet und fehlt nur in Nordskandinavien und Nordschottland sowie im größten Teil Spaniens und Italiens. Er bevorzugt lichte Wälder, Hecken und feuchte Wiesen bis etwa 1500 m. Gerne besucht er Brombeerblüten. Das Weibchen streut seine Eier beim Flug über Grasland aus. Die Raupen fressen hauptsächlich nachts. Ausgewachsene Raupen verpuppen sich in einem dünnen Kokon.

Raupe

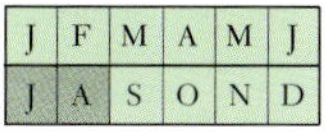

Rotbinden-Samtfalter

Arethusana arethusa

Spannweite:
4,4–4,8 cm

Beschreibung:
Mittelbraun, Band orangebrauner Flecken und einzelner schwarzer Fleck auf jedem Flügel. Männchen nur mit einem schwarzen Fleck auf den Vorderflügeln. Unterseite bei beiden Geschlechtern vorwiegend hellbraun mit weißem Band

Überwinterung:
Raupe

Flugzeit:
Sommermitte

Fraßpflanzen der Raupe:
Verschiedene Gräser, besonders Schwingelgras *(Festuca)*

In Mittel- und Südeuropa ist er stellenweise häufig. Er lebt auf trockenem Heide- und Grasland, hauptsächlich auf Kalkböden, bis etwa 1800 m Höhe. Er läßt sich oft auf dem Erdboden nieder. Mit zusammengefalteten Flügeln ist er sehr schwer zu entdecken. Die hellbraune oder graue Raupe hat an Rücken und Seiten dunklere Streifen. Im Frühling verpuppen sich die ausgewachsenen Raupen unter Graswurzeln und Laubstreu.

Männchen, Unterseite

links Männchen
rechts Weibchen

J	F	M	A	M	J
J	A	S	O	N	D

Weißer Waldportier

Brintesia circe

Spannweite:
6,6–7,2 cm

Beschreibung:
Sehr dunkelbraun mit einem breiten Band aus reinweißen Flecken. Unterseite ähnlich. Geschlechter gleich

Überwinterung:
Raupe

Flugzeit:
Frühsommer

Fraßpflanzen der Raupe:
Verschiedene Gräser

Dieser große Schmetterling kommt in Mittel- und Südeuropa vor. Er bewohnt offenes Waldland bis in eine Höhe von etwa 1800 m und sonnt sich sehr gerne auf Baumstümpfen, Felsen und dem Erdboden. Vor diesem Hintergrund ist er äußerst gut getarnt. Auch die Raupe, die hauptsächlich nachts frißt, ist sehr gut getarnt. Die ausgewachsenen Raupen verpuppen sich an der Fraßpflanze.

Raupe

J	F	M	A	M	J
J	A	S	O	N	D

Charaza briseis

Spannweite:
4,2–6 cm

Beschreibung:
Dunkelbraun mit einem Band aus weißen Flecken, zwei schwarze Augenflecken auf den Vorderflügeln. Unterseite ähnlich, aber sehr viel heller. Weibchen dunkler und größer

Überwinterung:
Raupe

Flugzeit:
Frühsommer bis Sommermitte

Fraßpflanzen der Raupe:
Verschiedene Gräser

Außer in Portugal und Westspanien ist er in ganz Mittel- und Südeuropa häufig. Er liebt trockenes Grasland bis 2000 m Höhe. Oft sieht man ihn, wie er sich auf freiem Boden sonnt. Besonders gern besucht er Skabiosenblüten. Die Raupen haben einen hellbraunen Kopf und einen dunklen, bläulichgrün gestreiften Körper. Sie fressen hauptsächlich nachts. Die Verpuppung erfolgt unter Graswurzeln.

Männchen, Unterseite

links Männchen
rechts Weibchen

J	F	M	A	M	J
J	A	S	O	N	D

Perlgrasfalter

Coenonympha arcania

Spannweite:
3,2–4 cm

Beschreibung:
Vorderflügel orangebraun, Hinterflügel dunkler, beide mit rauchbraunen Rändern. Unterseite hellbraun mit weißem Band und mehreren, gelb umrandeten Augenflecken. Geschlechter gleich

Überwinterung:
Raupe

Flugzeit:
Frühsommer

Fraßpflanzen der Raupe:
Verschiedene Gräser

Er bewohnt fast ganz Mittel- und Südeuropa sowie Südskandinavien. In Südspanien fehlt er. Sein Lebensraum ist das offene Waldland, aber hauptsächlich auch Grasland, insbesondere Hügelland und Gebirge bis etwa 2000 m Höhe. Gewöhnlich legt das Weibchen einmal pro Jahr Eier ab, im Süden kann es auch zwei Eiablagen geben. Die grüne oder braune Puppe ist an einem Grashalm befestigt.

J	F	M	A	M	J
J	A	S	O	N	D

Rostbraunes Wiesenvögelchen

Coenonympha glycerion

Spannweite:
3,2–3,6 cm

Beschreibung:
Einfach mittelbraun, Weibchen heller, mit orangebraunem Fleck auf den Vorderflügeln. Unterseite hellbraun mit weißem Band, mehrere Augenflecken auf den Hinterflügeln

Überwinterung:
Raupe

Flugzeit:
Frühsommer

Fraßpflanzen der Raupe:
Verschiedene Gräser

Ähnliche Arten:
Kleiner Heufalter und Großes Wiesenvögelchen

Dieser Schmetterling ist besonders in Ost- und Nordosteuropa verbreitet. In Nordspanien und Südwestfrankreich gibt es wenige verstreute Vorkommen. Er liebt offenes Grasland, gewöhnlich im Hügelland und im Gebirge bis etwa 2000 m Höhe. Die Raupe ist grün, hat einen dunkleren Streifen entlang des Rückens und an jeder Seite einen cremefarbenen Streifen. Sie frißt hauptsächlich nachts.

links Männchen
rechts Weibchen

J	F	M	A	M	J
J	A	S	O	N	D

Kleiner Heufalter

Coenonympha pamphilus

Spannweite:
2,6–3,2 cm

Beschreibung:
Hellorangebraun mit braunen Rändern, Vorderflügel mit schwarzem Fleck. Unterseite hellbräunlichgrau, kurzes, weißes Band, Vorderflügel mit Augenfleck. Weibchen größer

Überwinterung:
Raupe

Flugzeit:
Frühlingsmitte bis Herbstbeginn, je nach Gebiet

Fraßpflanzen der Raupe:
Verschiedene Gräser

Ähnliche Arten:
Großes Wiesenvögelchen und Rostbraunes Wiesenvögelchen

Dieser recht häufige Schmetterling ist in ganz Europa mit Ausnahme des hohen Nordens verbreitet. Sein Lebensraum sind Wiesen, Heideland und andere rauhe Graslandschaften bis etwa 2000 m Höhe. Je nach Gegend gibt es bis zu drei Eiablagen. Einige Raupen der ersten Generation überwintern aber zusammen mit den Raupen der letzten Generation. Sie fressen tagsüber. Die Verpuppung findet an einem Grashalm statt.

Raupe

J	F	M	A	M	J
J	A	S	O	N	D

Großes Wiesenvögelchen

Coenonympha tullia

Spannweite:
3–4 cm

Beschreibung:
Männchen rauchig orangebraun. Weibchen heller. Unterseiten beider Geschlechter hellbraun mit variablem, weißem Band, mehrere Augenflecken, Vorderflügel mit zwei Augenflecken

Überwinterung:
Raupe

Flugzeit:
Frühsommer

Fraßpflanzen der Raupe:
Verschiedene Gräser

Ähnliche Arten:
Rostbraunes Wiesenvögelchen und Kleiner Heufalter

Diesen äußerst variablen Schmetterling findet man außer im hohen Norden in fast ganz Ost- und Nordosteuropa. Er bevorzugt Torfmoore, Sümpfe und feuchtes Grasland bis in Höhen von etwa 2500 m. Die grünen Raupen, die am Rücken mit einem dunkleren Streifen und an jeder Seite mit zwei hellen Streifen gezeichnet sind, fressen hauptsächlich nachts. Die grüne, schwarz gestrichelte Puppe ist an einem Grashalm befestigt.

links Männchen
rechts Weibchen

J	F	M	A	M	J
J	A	S	O	N	D

Waldteufel

Erebia aethiops

Spannweite:
4,4–5,2 cm

Beschreibung:
Tiefdunkelbraun, jeder Flügel orangebraun gebändert, mit mehreren Augenflecken. Unterseite ähnlich, Band auf Hinterflügeln gräulich. Weibchen heller

Überwinterung:
Raupe

Flugzeit:
Spätsommer

Fraßpflanzen der Raupe:
Verschiedene Gräser

Dieser Falter ist in Osteuropa verbreitet. In Norditalien, Frankreich, Nordengland und Schottland gibt es verstreute Vorkommen. Er bewohnt offenes Grasland, häufig am Rand von Pinienwäldern, im Hügelland und Gebirge bis etwa 2000 m Höhe. Er fliegt nur im Sonnenlicht. Die hellbraune, an Rücken und Seiten dunkler gestreifte Raupe frißt in der Abend- und Morgendämmerung; sie verpuppt sich in einem Kokon unter Laubstreu.

Männchen der europäischen Rasse

Schottische Rasse
links Männchen
rechts Weibchen

J	F	M	A	M	J
J	A	S	O	N	D

Milchfleck

Erebia ligea

Spannweite:
4,2–5,4 cm

Beschreibung:
Tiefdunkelbraun, orangebraunes Band mit mehreren Augenflecken. Unterseite ähnlich, aber Band auf den Hinterflügeln weiß. Weibchen heller

Überwinterung:
Raupe

Flugzeit:
Frühsommer

Fraßpflanzen der Raupe:
Verschiedene Gräser

In Osteuropa sowie in Skandinavien ist dieser Schmetterling recht häufig. In Frankreich und Italien kommt er nur in verstreuten Kolonien vor. Er bewohnt Wiesen, Heideland und offenes Waldland zwischen 500 m und 1500 m Höhe im Hügelland und im Gebirge. Nur im hohen Norden lebt er im Tiefland. Die hellbraune Raupe ist am Rücken dunkler gestreift. Sie kann in den kälteren Regionen zweimal überwintern, bevor sie sich verpuppt.

Männchen

Weibchen

J	F	M	A	M	J
J	A	S	O	N	D

Rundaugen-Mohrenfalter

Erebia medusa

Spannweite:
3,8–5 cm

Beschreibung:
Dunkelbraun, alle Flügel mit mehreren, orangebraun umrandeten Augenflecken. Unterseite ähnlich. Weibchen heller

Überwinterung:
Raupe

Flugzeit:
Frühsommer

Fraßpflanzen der Raupe:
Verschiedene Gräser

Dieser Falter ist in Mittel- und Südosteuropa recht häufig. In diesem Verbreitungsgebiet bewohnt er feuchte Wiesen und Moore, oft an den Rändern lichter Wälder. Im Norden findet man ihn im Tiefland, in den übrigen Gebieten im Hügelland und Gebirge bis in etwa 2000 m Höhe. Die Raupe ist grün oder braun, frißt vorwiegend nachts und überwintert in den kälteren Regionen meist zweimal, bevor sie sich unter Laubstreu verpuppt.

Raupe

J	F	M	A	M	J
J	A	S	O	N	D

Graubrauner Mohrenfalter

Erebia pandrose

Spannweite:
4–5 cm

Beschreibung:
Dunkelbraun, Vorderflügel mit orangebraunem Fleck und mehreren, kleinen, schwarzen Augenflecken. Unterseite silbergrau mit feinen, braunen Wellenlinien. Weibchen heller

Überwinterung:
Raupe

Flugzeit:
Frühsommer

Fraßpflanzen der Raupe:
Verschiedene Gräser

Dieser Schmetterling ist ein Bewohner Nordskandinaviens und bildet in den südeuropäischen Bergregionen von den Pyrenäen an ostwärts nur verstreute Kolonien. Er bevorzugt rauhes, offenes Gelände und Bergweiden bis in eine Höhe von 3000 m. Im Norden findet man ihn im Tiefland. Der Falter fliegt nur im Sonnenlicht. Die ausgewachsenen Raupen des Falters verpuppen sich unter Graswurzeln und Laubstreu.

Raupe

J	F	M	A	M	J
J	A	S	O	N	D

Kleiner Waldportier

Hipparchia alcyone

Spannweite:
5,4–6,8 cm

Beschreibung:
Dunkelgraubraun, hellbraun (Weibchen weiß) gebändert, Vorderflügel mit je einem Augenfleck. Unterseite am Körper dunkelbraun, äußere Flügelhälfte hellbraun und weiß

Überwinterung:
Raupe

Flugzeit:
Frühsommer

Fraßpflanzen der Raupe:
Verschiedene Gräser

Ähnliche Art:
Großer Waldportier

In Süd- und Mitteleuropa sowie in Südskandinavien ist dieser Falter recht häufig. Er bevorzugt rauhes, steiniges Gelände. Im Norden bewohnt er das Tiefland, im Süden findet man die verstreuten Vorkommen im Gebirge bis zu 2000 m Höhe. Die gräulichbraune, mit einem dunkleren Streifen am Rücken und je zwei dünnen Linien an den Seiten gezeichnete Raupe frißt hauptsächlich nachts. Sie verpuppt sich in einem losen Kokon am Boden.

links Männchen
rechts Weibchen

J	F	M	A	M	J
J	A	S	O	N	D

Großer Waldportier

Hipparchia fagi

Spannweite:
6,6–7,6 cm

Beschreibung:
Sehr ähnlich dem Kleinen Waldportier, aber größer

Überwinterung:
Raupe

Flugzeit:
Sommermitte

Fraßpflanzen der Raupe:
Verschiedene Gräser

Ähnliche Art:
Kleiner Waldportier

Dieser Schmetterling ist in Mittel- und Südeuropa stellenweise häufig, fehlt aber in Portugal und Südspanien. Er bewohnt vorzugsweise offenes Waldland bis etwa 1000 m Höhe. Beim Sonnen auf einem Baumstamm ist er schwer auszumachen. Die Raupe ist hellbraun, hat einem dunklen Streifen am Rücken und je eine feine Linien an den Seiten. Ausgewachsene Raupen des Falters verpuppen sich unter Laubstreu.

Falter bei der Paarung

links Männchen
rechts Weibchen

J	F	M	A	M	J
J	A	S	O	N	D

Rostbinde

Hipparchia semele

Spannweite:
4,2–6 cm

Beschreibung:
Mittelbraun mit hellerem Band, Vorderflügel mit zwei, Hinterflügel mit einem Augenflecken. Unterseite ähnlich, Hinterflügel mit weißlichem Band. Weibchen dunkler, Bänder auf der Oberseite gelb

Überwinterung:
Raupe

Flugzeit:
Sommermitte

Fraßpflanzen der Raupe:
Verschiedene Gräser

Dieser Falter ist in fast ganz Europa mit Ausnahme von Süditalien und Nordskandinavien verbreitet. Er bewohnt bevorzugt Heideland, sandiges Hügelland und offenes Waldland bis etwa 2000 m Höhe. Auf dem Erdboden sitzend ist er fast nicht auszumachen. Die hellbraune, am Rücken und an den Seiten dunkler gestreifte Raupe der Rostbinde frißt hauptsächlich nachts. Sie verpuppt sich am Boden in einem dünnen Kokon.

Männchen

J	F	M	A	M	J
J	A	S	O	N	D

Kleines Ochsenauge

Hyponephele lycaon

Spannweite:
4–4,8 cm

Beschreibung:
Ähnlich dem Ochsenauge, aber etwas kleiner, Unterseite beider Geschlechter mehr orange. Vorderflügel beim Weibchen mit zwei Augenflecken

Überwinterung:
Raupe

Flugzeit:
Sommermitte

Fraßpflanzen der Raupe:
Verschiedene Gräser

Ähnliche Art:
Ochsenauge

Diesen Schmetterling findet man in Süd- und Osteuropa, im Norden erreicht er Finnland. Der Falter fehlt im Südwestzipfel von Portugal und Spanien. Er bewohnt trockenes, steiniges, gewöhnlich tiefgelegenes Grasland, ist aber auch bis in Höhen von etwa 2000 m zu beobachten. Die Raupe ist grün und am Rücken und an den Seiten hellgelb gestreift. Die grüne oder braune Puppe ist an einem Grashalm befestigt.

links Männchen
rechts Weibchen

J	F	M	A	M	J
J	A	S	O	N	D

Braunauge

Lasiommata maera

Spannweite:
5–5,6 cm

Beschreibung:
Dunkelbraun, orange umrandete Augenflecken. Orange Zeichnung beim Weibchen leuchtender. Unterseite beider Geschlechter gräulichbraun, Hinterflügel mit Reihe kleiner Augenflecken, Vorderflügel mit einzelnem, großem Augenfleck

Überwinterung:
Raupe

Flugzeit:
Frühlingsende und Spätsommer, im Norden Frühsommer

Fraßpflanzen der Raupe:
Verschiedene Gräser

Ähnliche Art:
Braunscheckauge

Dieser in fast ganz Europa verbreitete Schmetterling fehlt in Nordskandinavien und auf den Britischen Inseln. Bevorzugt bewohnt er offenes Waldland, Waldränder und trockenes Grasland bis in 2000 m Höhe. Oft sonnt er sich auf einem Stein oder Baumstamm. Die grüne Raupe ist an Rücken und Seiten mit helleren Streifen gezeichnet. Die grüne oder braune Puppe befindet sich in Bodennähe an einem Grashalm.

Weibchen

Männchen

J	F	M	A	M	J
J	A	S	O	N	D

Mauerfuchs

Lasiommata megera

Spannweite:
3,6–5 cm

Beschreibung:
Dunkelbraun mit großen, orangen Flecken, Vorderflügel mit einem, Hinterflügel mit mehreren Augenflecken. Unterseite hellbraun, Augenflecken kleiner. Weibchen heller

Überwinterung:
Raupe

Flugzeit:
Frühlingsanfang bis Spätsommer, 2–3 Eiablagen

Fraßpflanzen der Raupe:
Verschiedene Gräser

Ähnliche Art:
Großer Waldportier

Dieser in fast ganz Europa verbreitete Schmetterling fehlt in Nordskandinavien. Man findet ihn in Heideland, anderen Graslandschaften, offenem, buschreichem Waldland und Gärten bis 2000 m Höhe. Er sonnt sich oft auf Steinen oder dem Erdboden. Die grüne Raupe des Mauerfuchses hat an Rücken und Seiten weißliche Linien. Sie frißt hauptsächlich nachts. Die grüne, schwarz gezeichnete Puppe dieses Fleckenfalters hängt an einem Grashalm.

Männchen

Weibchen

J	F	M	A	M	J
J	A	S	O	N	D

Braunscheckauge

Lasiommata petropolitana

Spannweite:
3,8–4,2 cm

Beschreibung:
Ähnlich dem Braunauge, aber kleiner, mit mehr Orange, insbesondere das Weibchen

Überwinterung:
Im Norden Puppe, im Süden Raupe

Flugzeit:
Frühlingsende bis Frühsommer

Fraßpflanzen der Raupe:
Verschiedene Gräser

Ähnliche Art:
Braunauge

Dieser Schmetterling ist hauptsächlich in den Ländern um die Baltische See, besonders in Skandinavien verbreitet. In diesem Gebiet findet man ihn im Tiefland. Der Falter bildet auch weit verstreute Vorkommen in Gebirgen Südeuropas bis zu Höhen von 2000 m. Man sieht ihn häufig beim Sonnen auf Lichtungen in Pinienwäldern. Die grüne Raupe ist heller gestreift. Die reingrüne Puppe ist an einem Grashalm befestigt.

Weibchen

links Männchen
rechts Weibchen

J	F	M	A	M	J
J	A	S	O	N	D

Gelbringfalter

Lopinga achine

Spannweite:
5–5,4 cm

Beschreibung:
Dunkelbraun. Alle Flügel mit mehreren, cremegelb umrandeten Augenflecken. Unterseite ähnlich, gelbe und auch weiße Zeichnung vorherrschender. Geschlechter gleich

Überwinterung:
Raupe

Flugzeit:
Frühsommer

Fraßpflanzen der Raupe:
Verschiedene Gräser

Dieser Falter bildet weit verstreute Vorkommen, hauptsächlich in Mitteleuropa, wo er stellenweise recht häufig ist. Man findet ihn gewöhnlich in schattigen Wäldern des Tieflands. Die Weibchen schlüpfen meist etwas später als die Männchen. Die grünen, nur tagsüber fressenden Raupen sind nur schwierig zu entdecken. Die grüne Puppe des Gelbringfalters mit weißer Zeichnung ist an einem Grashalm befestigt.

Raupe

J	F	M	A	M	J
J	A	S	O	N	D

Ochsenauge

Maniola jurtina

Spannweite:
4,2–5,4 cm

Beschreibung:
Dunkelbraun, Vorderflügel mit je einem Augenfleck. Weibchen orangebraun gezeichnet. Unterseite hellbraun, helleres Band

Überwinterung:
Raupe

Flugzeit:
Frühlingsende bis Spätsommer

Fraßpflanzen der Raupe:
Verschiedene Gräser

Ähnliche Art:
Kleines Ochsenauge

Dieser variable Schmetterling ist in ganz Europa recht häufig, fehlt aber in Nordskandinavien. Er bewohnt alle Graslandschaften, auch in lichten Wäldern und an Waldrändern bis in 2000 m Höhe. Er fliegt sogar an trüben Tagen. Die Raupe frißt hauptsächlich nachts. Sie ist grün mit einem dunkleren Streifen am Rücken und einer feinen, hellen Linie an den Seiten. Die grüne Puppe des Ochsenauges hängt an einem Grashalm.

links Männchen
rechts Weibchen

J	F	M	A	M	J
J	A	S	O	N	D

Schachbrett

Melanargia galathea

Spannweite:
4,6–5,6 cm

Beschreibung:
Schwarz mit großen, weißen, manchmal gelblichen Flecken. Unterseite ähnlich, heller, mit mehreren, kleinen Augenflecken. Geschlechter gleich.

Überwinterung:
Raupe

Flugzeit:
Frühsommer

Fraßpflanzen der Raupe:
Verschiedene Gräser

Dieser Schmetterling ist in ganz Mittel- und Südeuropa recht weitverbreitet. Man trifft ihn in blumenreichem Grasland bis in etwa 2000 m Höhe an. Das Weibchen legt seine Eier im Flug ab. Die daraus schlüpfenden Raupen verpuppen sich unmittelbar, ohne zu fressen. Sie sind hellbraun oder grün gefärbt. Die Raupen des Schachbretts fressen im Frühling hauptsächlich nachts und verpuppen sich am Erdboden.

Raupe

J	F	M	A	M	J
J	A	S	O	N	D

Blauäugiger Waldportier

Minois dryas

Spannweite:
5,4–5,8 cm

Beschreibung:
Dunkelbraun. Vorderflügel mit je zwei großen, gelb umrandeten Augenflecken mit blauem Zentrum. Unterseite ähnlich, Hinterflügel mit hellem Band. Weibchen größer und heller

Überwinterung:
Raupe

Flugzeit:
Sommermitte

Fraßpflanzen der Raupe:
Verschiedene Gräser

Dieser Schmetterling kommt in fast ganz Mitteleuropa sowie in einigen südlicheren Gegenden stellenweise recht häufig vor. Er bevorzugt trockene, lichte Wälder und Grasland bis in etwa 1500 m Höhe. Man kann den Falter auch in Niedermooren beobachten. Die gelblichgraue Raupe ist an Rücken und Seiten dunkler gezeichnet und hat einen braunen Kopf. Sie frißt nachts und verpuppt sich am Boden unter Laubstreu.

Weibchen, Unterseite

Männchen

J	F	M	A	M	J
J	A	S	O	N	D

Neohipparchia statilinus

Spannweite:
4,4–5,6 cm

Beschreibung:
Dunkelbraun, Vorderflügel mit je einem Augenfleck. Unterseite heller, weißlich gebändert. Weibchen heller

Überwinterung:
Raupe

Flugzeit:
Sommermitte bis Spätsommer

Fraßpflanzen der Raupe:
Verschiedene Gräser

Diesen Fleckenfalter kann man in ganz Mittel- und Südeuropa finden, aber in vielen Gegenden ist er nur örtlich verbreitet. Mit Vorliebe bewohnt er Heideland und andere Buschlandschaften sowie lichte Wälder bis in etwa 1500 m Höhe. Auf einem Baumstamm sitzend ist er schwer auszumachen. Die hellbraune, dunkelgrün und dunkelbraun gestreifte Raupe frißt vorwiegend nachts. Sie verpuppt sich unter Laubstreu.

Weibchen, Unterseite

Männchen

J	F	M	A	M	J
J	A	S	O	N	D

Waldbrettspiel

Pararge aegeria

Spannweite:
3,8–4,4 cm

Beschreibung:
Dunkelbraun, im Norden cremefarben, im Süden orangebraun gefleckt, mehrere Augenflecken. Unterseite hell- und dunkelbraun marmoriert. Geschlechter gleich

Überwinterung:
Raupe oder Puppe

Flugzeit:
Frühlingsanfang bis Herbstbeginn, je nach Gebiet

Fraßpflanzen der Raupe:
Verschiedene Gräser

Dieser Schmetterling ist in fast ganz Europa mit Ausnahme des hohen Nordens in zwei unterschiedlichen Formen verbreitet. Sein bevorzugter Lebensraum sind schattige Wälder bis in 1200 m Höhe. Die Männchen des Waldbrettspiels verteidigen ihr Territorium zum Teil heftig. Je nach Gebiet gibt es zwei bis drei Eiablagen. Die grüne, am Rücken dunkler und an den Seiten heller gestreifte Raupe heftet ihre Puppe an einen Grashalm.

Nördliche Rasse

Südliche Rasse

J	F	M	A	M	J
J	A	S	O	N	D

Pyronia cecilia

Spannweite:
3–3,2 cm

Beschreibung:
Sehr ähnlich dem Braungeränderten Ochsenauge, aber etwas kleiner, Unterseite der Hinterflügel ohne Augenflecken

Überwinterung:
Raupe

Flugzeit:
Spätfrühling bis Sommermitte. 2 Eiablagen

Fraßpflanzen der Raupe:
Verschiedene Gräser

Ähnliche Art:
Braungerändertes Ochsenauge

Dieser nur in Südeuropa von Spanien über Griechenland bis in die Türkei verbreitete Schmetterling bewohnt trockene, buschbestandene Landschaften im Tiefland. Man sieht ihn aber auch bis in etwa 1500 m Höhe. Er besucht sehr gerne Blüten des Wilden Dosts. Die hellbraune, an Rücken und Seiten dunkler gestreifte Raupe frißt nachts. Die an einem Grashalm hängende Puppe ist ebenfalls hellbraun mit schwarzen Punkten.

links Männchen
rechts Weibchen

J	F	M	A	M	J
J	A	S	O	N	D

Braungerändertes Ochsenauge

Pyronia tithonus

Spannweite:
3,4–3,8 cm

Beschreibung:
Mittelbraun, Vorderflügel mit großem, orangefarbenem Fleck und je einem Augenfleck. Unterseite heller, Hinterflügel mit mehreren Augenflecken, hellbraun marmoriert. Weibchen heller

Überwinterung:
Raupe

Flugzeit:
Sommermitte

Fraßpflanzen der Raupe:
Verschiedene Gräser

Ähnliche Art:
P. cecilia

Dieser sehr häufige Falter ist in Mittel- und Südeuropa, Südengland, Irland und Wales verbreitet. Er bewohnt vorzugsweise lichte Wälder, Hecken und Grasland unter 1000 m. Sehr gerne besucht er Brombeerblüten. Die hellbraune Raupe ist am Rücken dunkler und an den Seiten heller gestreift, sie frißt hauptsächlich nachts. Die hellbraune Puppe des Braungeränderten Ochsenauges wird an einem Grashalm befestigt.

Männchen

Weibchen

J	F	M	A	M	J
J	A	S	O	N	D

Himbeereule

Habrosyne pyritoides

Spannweite:
3,5–4 cm

Beschreibung:
Vorderflügel hell gräulichbraun, mit Zickzackmuster in Weiß und Hellbraun. Hinterflügel hellgrau. Geschlechter gleich

Überwinterung:
Puppe

Flugzeit:
Frühsommer

Fraßpflanzen der Raupe:
Brombeer- und Himbeerbusch *(Rubus)*

Außer in Schottland und Nordskandinavien ist dieser Nachtfalter in ganz Mittel- und Nordeuropa stellenweise häufig und auch in Südfrankreich und Norditalien zu finden. Er bewohnt Wälder, Parks und Gärten mit vielen niedrigen Sträuchern. Pro Jahr werden einmal Eier abgelegt, im Süden kann es eine zweite partielle Generation geben. Die ausgewachsene Raupe verpuppt sich unter der Erde in einem dünnen Kokon.

Raupe

J	F	M	A	M	J
J	A	S	O	N	D

Roseneule

Thyatira batis

Spannweite:
3,2–3,8 cm

Beschreibung:
Vorderflügel dunkelbraun, die weißen Flecken sind im Zentrum rosa. Hinterflügel hellgrau. Geschlechter gleich

Überwinterung:
Puppe

Flugzeit:
Im Norden Frühsommer, im Süden Spätfrühling und Spätsommer

Fraßpflanzen der Raupe:
Brombeer- und Himbeerbusch *(Rubus)*

Diesen Nachtfalter findet man in fast ganz Mittel- und Nordeuropa sowie stellenweise in nördlicheren Gebieten. Er bewohnt überwiegend Wälder, Parks und Gärten mit viel niedrigem Gebüsch und Unterholz, in dem er sich versteckt. Im Norden werden nur einmal, im Süden dagegen zweimal Eier abgelegt. Die Raupe der Roseneule frißt nur nachts und kann in Gärten zur Plage werden. Ausgewachsene Raupen verpuppen sich in einem Kokon unter Laubstreu.

Raupe

J	F	M	A	M	J
J	A	S	O	N	D

Silberspinner

Cilix glaucata

Spannweite:
1,8–2,2 cm

Beschreibung:
Größtenteils weiß, in der Mitte der Vorderflügel breite gräulichbraune Zeichnung, am Außenrand Reihe kleiner Punkte. Hinterflügel mit hellgrauem Saum. Geschlechter gleich

Überwinterung:
Puppe

Flugzeit:
Frühlingsmitte und Sommermitte

Fraßpflanzen der Raupe:
Weißdorn *(Crataegus)*, Schlehe *(Prunus)* und verwandte Bäume

Dieser recht kleine Nachtfalter ist im größten Teil von Mittel- und Südeuropa verbreitet. Er bewohnt vorzugsweise Waldränder und Hecken. Die für die Familie typischen »Sichelflügel« fehlen bei dieser Art. Aufgrund seines Schwarzweißmusters sieht der Silberspinner in Ruhe Vogelkot äußerst ähnlich. Pro Jahr gibt es zwei Eiablagen. Die vollständig ausgewachsene Raupe verpuppt sich in einem Kokon unter den Blättern oder unter der Rinde der Fraßpflanze.

Raupe

J	F	M	A	M	J
J	A	S	O	N	D

Sichelspinner

Drepana falcataria

Spannweite:
2,7–3,5 cm

Beschreibung:
Hellbraun, dunklere Wellenlinien über allen Flügeln, schiefergrauer Fleck in der Mitte der Vorderflügel, darunter führt dunkelbraune Linie zur Flügelspitze. Geschlechter gleich

Überwinterung:
Puppe

Flugzeit:
Frühlings- und Sommermitte

Fraßpflanzen der Raupe:
Birke *(Betula)* und Erle *(Alnus)*

Dieser Nachtfalter ist in fast ganz Europa verbreitet, wo man ihn in sommergrünen Wäldern, buschreichem Heideland und zunehmend in Parks findet, in denen Birken angepflanzt werden. Der Falter sieht in Ruhe einem vertrockneten Blatt zum Verwechseln ähnlich. Pro Jahr legen die Weibchen zweimal Eier ab. Die Raupe frißt gewöhnlich an jungen Pflanzen und verpuppt sich in einem Kokon zwischen zwei Blättern.

Raupe

J	F	M	A	M	J
J	A	S	O	N	D

Falcaria lacertinaria

Spannweite:
2,7–3,5 cm

Beschreibung:
Vorderflügel stark eingekerbt, hellbraun, zu den Spitzen hin dunkler, in der Mitte je zwei dunklere Streifen. Hinterflügel cremeweiß. Weibchen heller

Überwinterung:
Raupe

Flugzeit:
Spätfrühling bis Spätsommer

Fraßpflanzen der Raupe:
Birke *(Betula)* und Erle *(Alnus)*

Dieser Nachtfalter ist in fast ganz Europa verbreitet, kommt aber hauptsächlich im Süden im Gebirge vor. Er bevorzugt offenes Waldland, wird jedoch auch auf Heideland und Wiesen beobachtet. Es gibt zwei Eiablagen pro Jahr, die zweite Generation bringt eine größere Imago hervor. Die höckerige Raupe ist hellbraun mit dunkelbrauner Zeichnung. Sie verpuppt sich in einem Kokon unter den Blättern ihrer Fraßpflanze.

Raupe

J	F	M	A	M	J
J	A	S	O	N	D

Stachelbeerspanner

Abraxas grossulariata

Spannweite:
3,5–4 cm

Beschreibung:
Körper gelb. Vorderflügel jeweils mit gelbem Streifen, Flügel ansonsten reinweiß mit variablem, schwarzem Fleckenmuster. Weibchen größer

Überwinterung:
Raupe

Flugzeit:
Spätfrühling bis Frühsommer

Fraßpflanzen der Raupe:
Schlehe *(Prunus)*, Weißdorn *(Crataegus)*, Stachelbeere *(Ribes)* und andere Beerensträucher

In ganz Europa ist dieser Nachtfalter sehr häufig. Gelegentlich kann er zum Schädling an Stachelbeeren werden. Sein auffälliges Muster signalisiert, daß er giftig ist – also schlecht schmeckt – und von Vögeln daher gemieden wird. Man sieht den Falter auch oft tagsüber fliegen. Wie die Raupe, die die gleichen Farben wie die Imago trägt, ist er sehr variabel. Die Raupe bewegt sich mit dem sogenannten »spannenden Gang« fort.

Raupe

J	F	M	A	M	J
J	A	S	O	N	D

Roßkastanien-Frostspanner

Alsophila aescularia

Spannweite:
2,5–3,5 cm

Beschreibung:
Männchen hauptsächlich gräulichbraun, Vorderflügel mit weißlichem Zickzackstreifen. Weibchen dunkler, flügellos

Überwinterung:
Puppe

Flugzeit:
Frühlingsbeginn

Fraßpflanzen der Raupe:
Viele sommergrüne Bäume und Sträucher

Dieser Nachtfalter ist in ganz Mitteleuropa verbreitet. Die Weibchen sind vollständig flügellos und sehen dadurch sehr ungewöhnlich aus. Man findet den Spanner an jeglichem Baumbestand, in Obstgärten kann er manchmal zur Plage werden. Die gelblichgrünen Raupen des Roßkastanien-Frostspanners sind weiß gestreift. Im Gegensatz zu den übrigen Spannerraupen besitzen sie drei anstatt zwei Bauchbeinpaaren.

Weibchen

Männchen

J	F	M	A	M	J
J	A	S	O	N	D

Birkenspanner

Biston betularia

Spannweite:
3,5–6 cm

Beschreibung:
Weißliche Grundfarbe mit starker, graunbrauner Sprenkelung. Männchen und Weibchen sehr ähnlich

Überwinterung:
Puppe

Flugzeit:
Frühlingsende bis Frühsommer

Fraßpflanzen der Raupe:
Die meisten sommergrünen Bäume und Sträucher

Dieser Spanner wurde berühmt, weil sich am Ende des 19. und am Anfang des 20. Jahrhunderts eine schwarze Form entwickelte, die weit besser an stark industrialisierte Gebiete angepaßt war. Er ist in fast ganz Europa zu Hause und wird gewöhnlich in offenem Waldland, Parks und Gärten beobachtet. Die grüne oder braune Raupe trägt eine Reihe von Warzen, wodurch sie die perfekte Illusion eines kleinen, knotigen Zweigs liefert.

Raupe

Normale und schwarze Form

J	F	M	A	M	J
J	A	S	O	N	D

Camptogramma bilineata

Spannweite:
2–2,5 cm

Beschreibung:
Gelb bis dunkelgelbbraun. Flügel und Körper mit feinen, etwas dunkleren Linien gezeichnet. Breites, dunkler gelbes Band in jeder Flügelmitte

Überwinterung:
Raupe

Flugzeit:
Sommermitte

Fraßpflanzen der Raupe:
Viele niedere Pflanzen, z. B. Brennessel *(Urtica)*

Von diesem variablen, in ganz Europa beheimateten Nachtfalter gibt es zahlreiche Formen und benannte Unterarten. Man findet ihn den ganzen Sommer über an allen Orten, an denen seine Fraßpflanzen, beispielsweise die Brennessel, wachsen. Die grüne oder braune Raupe rollt in Ruhe den Kopf unter ihren Körper. Die ausgewachsenen Raupen graben sich in die Erde ein und stellen sich für die Verpuppung einen seidenen Kokon her.

Raupe

J	F	M	A	M	J
J	A	S	O	N	D

Cidaria fulvata

Spannweite:
2–2,5 cm

Beschreibung:
Vorderflügel gelbbraun, in der Mitte ungleichmäßiges, dunkleres Band, helles Dreieck an der Flügelspitze. Hinterflügel cremeweiß, gelblich gesäumt. Geschlechter gleich

Überwinterung:
Ei

Flugzeit:
Sommer

Fraßpflanzen der Raupe:
Heckenrose *(Rosa)*, in Gefangenschaft auch Zuchtrosen

Diesen in ganz Europa, außer dem hohen Norden, verbreiteten Spanner kann man im Sommer bereits bei einsetzender Dämmerung beobachten. Am Tage versteckt er sich unter Blättern, hauptsächlich in Hecken und anderem Dickicht in der Nähe seiner Fraßpflanzen. Der äußerst dürftige Kokon wird unter Blättern hergestellt. Der Spanner schlüpft gewöhnlich nach einem Monat Verpuppungszeit.

Raupe

J	F	M	A	M	J
J	A	S	O	N	D

Eupithecia venosata

Spannweite:
1,7–2,2 cm

Beschreibung:
Grundfarbe weiß bis gelbbraun oder grau mit dunkelbraunem oder schwarzem, spinnennetzartigem Muster. Geschlechter gleich

Überwinterung:
Puppe

Flugzeit:
Spätfrühling

Fraßpflanzen der Raupe:
Verschiedene Leimkraut-Arten *(Silene)*

Diesen kleinen Nachtfalter kann man in ganz Europa vom Tiefland bis ins Gebirge beobachten. Die Imago variiert besonders in der Grundfarbe ihrer Flügel erheblich, die je nach der geographischen Verbreitung des Falters unterschiedlich ist. Die Raupe lebt im Inneren der Samenträger von Blüten, weshalb man die Gattung auch als »Blütenspanner« bezeichnet. Am Ende des Sommers ist sie ausgewachsen und gräbt sich in die Erde ein, wo sie sich in einer kleinen Kammer verpuppt.

Raupe

J	F	M	A	M	J
J	A	S	O	N	D

Grünes Blatt

Geometra papilionaria

Spannweite:
4–5 cm

Beschreibung:
Hellsmaragdgrün, zwei Reihen hellere Flecken auf jedem Flügel. Geschlechter gleich

Überwinterung:
Raupe

Flugzeit:
Sommermitte

Fraßpflanzen der Raupe:
Birke *(Betula)*, Erle *(Alnus)*, Buche *(Fagus)* und Hasel *(Corylus)*

Dieser schöne Nachtfalter ist in fast ganz Europa verbreitet. Man findet ihn in lichten, sommergrünen Wäldern, Hecken, Mooren und Niedermooren bis hinauf ins Gebirge. Bei älteren Faltern bleicht die grüne Färbung etwas aus. Die Raupe ist bei der Überwinterung auf einem Zweig braun gefärbt, so daß sie gut getarnt ist. Mit dem Aussprießen der Blätter im Frühling verfärbt sie sich grün. Sie verpuppt sich in einem Kokon unter Laubstreu.

Raupe

Hemithea aestivaria

J	F	M	A	M	J
J	A	S	O	N	D

Spannweite:
2,4–2,7 cm

Beschreibung:
Sehr hellgrün. In der Mitte jedes Flügels etwas dunkleres, weiß eingefaßtes Band. Hinterflügel mit leicht angedeuteten Schwänzen. Geschlechter gleich

Überwinterung:
Raupe

Flugzeit:
Frühsommer bis Sommermitte

Fraßpflanzen der Raupe:
Verschiedene, niedere Pflanzen im Herbst, sommergrüne Bäume und Sträucher im Frühling

Dieser Nachtfalter ist in fast ganz Mittel- und Südeuropa verbreitet und ist weiter nördlich seltener zu beobachten. Sein Lebensraum sind lichte Wälder. Die Raupe dieses Spanners verhält sich ungewöhnlich, weil sie nach dem Überwintern im Frühling zu einer völlig anderen Fraßpflanze wechselt. Die ausgewachsenen Raupen verpuppen sich unter Blättern der Bäume, an denen sie nun fressen.

Raupe

J	F	M	A	M	J
J	A	S	O	N	D

Lycia hirtaria

Spannweite:
3,5–4,5 cm

Beschreibung:
Pelzig. Größtenteils hell Pfeffer-und-Salz-farben. Vorderflügel dunkler gebändert. Weibchen viel heller. Männchen mit federigen Antennen und deutlichem, dünnem, hellem Band nahe dem Vorderflügelrand

Überwinterung:
Puppe

Flugzeit:
Frühling

Fraßpflanzen der Raupe:
Die meisten sommergrünen Bäume

Dieser häufige Spanner bewohnt Plätze mit sommergrünen Bäumen wie Wälder, Parks, Gärten und Obstgärten in fast ganz Europa. Die Farbe der zweigähnlichen Raupe variiert von Grau bis Rötlichbraun. Die Raupe weist eine schwarze Zeichnung und gelbe Punkte um die mittleren Segmente auf. In Obstgärten wird sie manchmal zur Last. Im Herbst verpuppt sie sich unter der Erde am Fuß eines Baums in einer kleinen Kammer.

Männchen

Weibchen

J	F	M	A	M	J
J	A	S	O	N	D

Schwarzspanner

Odezia atrata

Spannweite:
2,3–2,7 cm

Beschreibung:
Vollständig schwarz. Nur Vorderflügelspitzen mit schmalem, weißem Rand. Geschlechter gleich

Überwinterung:
Ei

Flugzeit:
Frühsommer

Fraßpflanzen der Raupe:
Französische Erdkastanie *(Conopodium)* und verwandte Pflanzen

Dieser kleine Falter ist im größten Teil Mittel- und Nordeuropas verbreitet. Er kommt jedoch nur in kleinen Populationen in feuchtem Grasland vor. Tagsüber versteckt sich der Spanner an sonnigen Plätzen unter niedrig wachsenden Blütenpflanzen. Meist sieht man Gruppen dieser Falter zusammen in demselben Gebiet fliegen. Die Raupen fressen gewöhnlich die Blüten der Fraßpflanzen und wandern zur Verpuppung unter die Erde.

Raupe

J	F	M	A	M	J
J	A	S	O	N	D

Odontoptera bidentata

Spannweite:
3,2–4 cm

Beschreibung:
Variabel. Gewöhnlich hellbraun, etwas dunkleres, schwarz abgesetztes Band auf allen Flügeln, auf jeder Seite ein kleiner, schwarzer, ovaler Ring in der Mitte des Bandes. Vorderflügel stark eingekerbt. Geschlechter gleich

Überwinterung:
Puppe

Flugzeit:
Frühsommer

Fraßpflanzen der Raupe:
Die meisten sommergrünen Bäume

Ähnliche Art:
Selenia dentaria

Dieser Spanner, ein Bewohner von Waldland und Hecken, ist in fast ganz Europa weitverbreitet. Seine Musterung und Zeichnung sind sehr variabel. Auch die Färbung der Raupen variiert zwischen Grün und Braun, es gibt sogar eine gesprenkelte Form, die Flechten ähnelt. Im Sommer wandern die ausgewachsenen Raupen zum Stamm des Baumes, an dem sie fressen, und verpuppen sich unter dem Moos, das auf der Rinde wächst.

Raupe

J	F	M	A	M	J
J	A	S	O	N	D

Gelbspanner

Opisthograptis luteolata

Spannweite:
3,2–3,7 cm

Beschreibung:
Charakteristisch hellgelb, Außenrand der Vorderflügel mit gelbbrauner Zeichnung und kleinem, transparentem Halbmond. Geschlechter gleich

Überwinterung:
Puppe

Flugzeit:
Frühling bis Spätsommer

Fraßpflanzen der Raupe:
Viele sommergrüne Sträucher und Bäume, besonders Weißdorn *(Crataegus)* und Schlehe *(Prunus)*

Dieser in ganz Europa häufige Spanner ist oft in Städten zu sehen, da er sehr leicht von Licht angezogen wird. Sein bevorzugter Lebensraum sind Hecken und offene Landschaften, immer häufiger ist er aber auch in Parks und Gärten anzutreffen. Die zweigähnliche Raupe ist grün oder braun und verpuppt sich in einem Kokon am Erdboden. Die Imago kann über einen langen Zeitraum beobachtet werden, da sich die Bruten überschneiden.

Raupe

J	F	M	A	M	J
J	A	S	O	N	D

Holunderspanner

Ourapteryx sambucaria

Spannweite:
4–5 cm

Beschreibung:
Sehr hellcremegelb, Vorderflügel mit zwei hellbraunen Linien gebändert, eine hellbraune Linie auf Hinterflügeln, die kurze dreieckige Schwänze haben. Geschlechter gleich

Überwinterung:
Raupe

Flugzeit:
Sommermitte

Fraßpflanzen der Raupe:
Viele Bäume und Sträucher, besonders Efeu *(Hedera)*, Liguster *(Ligustrum)* und Weißdorn *(Crataegus)*

Dieser Falter ist in Europa mit Ausnahme des kälteren, hohen Nordens überall häufig. Er gehört zu den größten Spannern Europas und bewohnt bewaldete Gegenden, Parks und Gärten. Nachts ist der schnelle und flatterhafte Flieger unverkennbar und aufgrund seiner Färbung auch leicht zu sehen. Die Raupen verpuppen sich im Frühsommer in dünnen, von einem Zweig herabhängenden Kokons.

Raupe

J	F	M	A	M	J
J	A	S	O	N	D

Selenia dentaria

Spannweite:
2,8–4 cm

Beschreibung:
Hell, braun gesprenkelt, Flügel dunkler braun gebändert, auf Hinterflügeln weniger ausgeprägt. Jeder Flügel mit kleinem, transparentem Halbmond. Weibchen etwas heller. Imago der zweiten Generation gewöhnlich etwas kleiner

Überwinterung:
Puppe

Flugzeit:
Frühlingsmitte bis Sommermitte. In der Regel zwei Eiablagen, im Norden eine

Fraßpflanzen der Raupe:
Viele sommergrüne Bäume und Sträucher

Ähnliche Art:
Odontoptera bidentata

Dieser in ganz Europa häufige Nachtfalter bewohnt lichte Wälder, Hecken, Parks und Gärten. In Ruhe schließt der Spanner seine Flügel auf die gleiche Art wie die Tagfalter und ähnelt dann einem vertrockneten Blatt. Die Farbe der zweigähnlichen Raupe variiert zwischen rötlichbrauner und einer eher schokoladenbraunen Färbung. Außer im hohen Norden werden gewöhnlich zweimal im Jahr Eier abgelegt.

Raupe

J	F	M	A	M	J
J	A	S	O	N	D

Timandra griseata

Spannweite:
2,3–2,8 cm

Beschreibung:
Sehr hellrosabraun mit hell rötlichbraunem Streifen quer über die Flügel, der in Ruhe wie eine gerade Linie aussieht. Hinterflügel zu kleinen Spitzen ähnlich Schwänzen ausgezogen. Geschlechter gleich

Überwinterung:
Raupe

Flugzeit:
Frühsommer bis Herbst

Fraßpflanzen der Raupe:
Niedere Pflanzen wie Ampfer *(Rumex)* und Vogelknöterich *(Polygonum)*

Dieser nachtaktive Spanner ist in fast ganz Europa häufig, er ist jedoch weiter im Norden nur noch stellenweise verbreitet. Er bewohnt Grasland, Ödland sowie Hecken und legt je nach Klima und Gegend ein- bis zweimal pro Jahr Eier ab. Daher kann man die Imago auch zu unterschiedlichen Jahreszeiten umherfliegen sehen. Die völlig ausgewachsene Raupe stellt zur Verpuppung einen Kokon unter den Blättern ihrer Fraßpflanze her.

Raupe

J	F	M	A	M	J
J	A	S	O	N	D

Xanthorhoe fluctuata

Spannweite:
1,8–2,5 cm

Beschreibung:
Weiß bis dunkelgrau, Flügel mit vielen feinen Wellenlinien bedeckt, am Außenrand der Vorderflügel drei viel dunklere Flecken, von denen der mittlere am größten ist

Überwinterung:
Puppe

Flugzeit:
Frühlingsende bis Herbstbeginn

Fraßpflanzen der Raupe:
Goldlack *(Cheiranthus)*, Kohl *(Brassica)* und andere Kreuzblütler, auch Johannisbeerbüsche *(Ribes)*

Dieser möglicherweise häufigste europäische Nachtfalter kann – zum Teil in großer Zahl – fast überall angetroffen werden. Die Weibchen legen zweimal pro Jahr Eier ab, manchmal auch öfter, und man sieht die Falter, die sehr leicht vom Licht angezogen werden, den ganzen Frühling und Sommer über fliegen. Die Farbe der Raupe variiert von Hellgrün bis Grau. Die Raupen graben sich zur Verpuppung in einem Kokon in der Erde ein.

Raupe

J	F	M	A	M	J
J	A	S	O	N	D

Kiefernspinner

Dendrolimus pini

Spannweite:
4,5–7 cm

Beschreibung:
Sehr variabel. Männchen sattrötlichbraun, Vorderflügel mit zwei hellbraunen Bändern und einem weißen Fleck in jeder Flügelmitte. Hinterflügel einfach. Weibchen viel größer, heller, selten zu sehen

Überwinterung:
Raupe

Flugzeit:
Sommer

Fraßpflanze der Raupe:
Kiefer *(Pinus)*

Dieser variable Falter kommt außer in Großbritannien in fast ganz Europa vor. Wie sein Name andeutet, kann man ihn gewöhnlich in Kiefernwäldern und Schonungen bis in etwa 1500 m Höhe beobachten. Die hellbraune Raupe ist am Rücken mit einem dunkleren Muster gezeichnet und mit kurzen Haaren bedeckt. In kälteren Gegenden dauert der Lebenszyklus des Falters manchmal zwei Jahre, wobei die Raupe zweimal überwintert.

Männchen

links Weibchen
rechts Männchen

J	F	M	A	M	J
J	A	S	O	N	D

Kupferglucke

Gastropacha quercifolia

Spannweite:
5–9 cm

Beschreibung:
Grundfarbe satt rötlichbraun, kann variieren. Flügelränder gewellt. Ähnelt in Ruhe trockenen Birkenblättern. Geschlechter gleich, Weibchen größer

Überwinterung:
Raupe

Flugzeit:
Sommer

Fraßpflanzen der Raupe:
Eine Reihe Bäume und Sträucher, besonders Schlehe *(Prunus)* und Weißdorn *(Crataegus)*

Diesen wunderschönen Falter findet man außer in Irland, Schottland und Nordskandinavien in fast ganz Europa. Aufgrund des Einsatzes von Pestiziden wird er aber zunehmend seltener. Er ist ein hervorragendes Beispiel für Mimese, da seine Färbung ihn auf vertrockneten Blättern fast unsichtbar macht. Die jungen, dichtbehaarten Raupen verbringen den Winter auf einem Zweig und verpuppen sich in einem typischen Gespinst.

Raupe

J	F	M	A	M	J
J	A	S	O	N	D

Eichenspinner

Lasiocampa quercus

Spannweite:
4,5–7,5 cm

Beschreibung:
Innere zwei Drittel der Flügel beim Männchen dunkelbraun, in der Mitte weißer Fleck, restliches Drittel hell, strahlenförmig in dunkleres Braun übergehend. Weibchen viel größer und heller

Überwinterung:
Raupe

Flugzeit:
Sommer

Fraßpflanzen der Raupe:
Brombeerstrauch *(Rubus)* sowie viele Bäume und Sträucher

Außer im hohen Norden in ganz Europa häufig. Er ist ein Bewohner lichter Wälder, von Heide- und Grasland bis etwa 1500 m Höhe. An sonnigen Tagen kann man das Männchen tagsüber beobachten, das Weibchen fliegt nie vor dem Spätnachmittag. Die mit kurzen Haaren bedeckte, dunkelbraune Raupe ist mit schwarzen Ringen und an den Seiten mit einer unterbrochenen, weißen Linie gezeichnet.

Weibchen

Männchen

J	F	M	A	M	J
J	A	S	O	N	D

Ringelspinner

Malacosoma neustria

Spannweite:
2,5–3,5 cm

Beschreibung:
Männchen sehr hellcremefarben bis hellbraun, Vorderflügel mit etwas dunkleren Außenrändern und zwei feinen, dunklen Linien in der Mitte. Weibchen größer, etwas dunkler, Vorderflügel mit dunklerem Band anstelle der zwei Linien

Überwinterung:
Ei

Flugzeit:
Sommer

Fraßpflanzen der Raupe:
Weißdorn *(Crataegus)*, Schlehe *(Prunus)* und andere sommergrüne Bäume

Dieser Nachtfalter kommt außer im hohen Norden in fast ganz Europa häufig vor. Sein Lebensraum sind Wälder, Gärten und Obstgärten, in denen er manchmal zum Schädling werden kann. Die Eier werden in Ringen an Zweigen abgelegt. Die behaarten, gräulichblauen, am Rücken schwarz, rot und weiß gestreiften Raupen leben gesellig in einem seidenen, zeltartigen Gespinst unter den Blättern der Fraßpflanze. Der Kokon enthält ein gelbes, auf der Haut reizendes Pulver.

Männchen

Weibchen

J	F	M	A	M	J
J	A	S	O	N	D

Philudoria potatoria

Spannweite:
4,5–6,5 cm

Beschreibung:
Männchen hell-orangebraun, Vorderflügel mit dünner Diagonale und zwei weißen Flecken gezeichnet. Weibchen größer und viel heller

Überwinterung:
Raupe

Flugzeit:
Sommer

Fraßpflanzen der Raupe:
Verschiedene Gräser

Er ist in ganz Europa weit verbreitet. Er bevorzugt feuchte Wiesen, Moore und Niedermoore bis 1500 m Höhe. Die am Rücken mit zwei Reihen winziger, gelber Punkte gezeichnete, dunkelgraue Raupe hat am ganzen Körper viele kleine, schwarze und an jeder Seite eine Reihe weißer Haarbüschel. Man sieht den Falter manchmal beim Trinken von Wassertröpfchen.

Männchen

Weibchen

J	F	M	A	M	J
J	A	S	O	N	D

Nagelfleck

Aglia tau

Spannweite:
6,3–8,5 cm

Beschreibung:
Flügel dunkelsandfarben, am Rand schwarze Wellenlinie, in jeder Flügelmitte großer, dunkler Augenfleck, im Zentrum weißes »T«. Weibchen größer und heller

Überwinterung:
Puppe

Flugzeit:
Frühling

Fraßpflanzen der Raupe:
Buche *(Fagus)*, Eiche *(Quercus)* und viele andere Bäume

Dieser fast in ganz Mitteleuropa recht häufige Falter ist nach Norden bis Südskandinavien und südlich bis Nordspanien verbreitet. Er bewohnt sommergrüne Wälder bis in eine Höhe von etwa 1600 m. Das Männchen kann man am Nachmittag beobachten, die Weibchen sind jedoch nur nachts zu sehen. Die junge Raupe hat mehrere rötliche Stachel, die sie nach einiger Zeit wieder verliert. Sie verpuppt sich am Boden in einem Kokon.

Männchen

Raupe

J	F	M	A	M	J
J	A	S	O	N	D

Kleines Nachtpfauenauge

Saturnia pavonia

Spannweite:
4,8–8 cm

Beschreibung:
Vorderflügel beim Männchen gräulichbraun, Hinterflügel orangebraun, jeder Flügel mit großem Augenfleck. Weibchen größer, hellgrau

Überwinterung:
Puppe

Flugzeit:
Frühling

Fraßpflanzen der Raupe:
Brombeerstrauch *(Rubus)*, Glockenheide *(Erica)* und andere Sträucher

Den Nachtfalter findet man in ganz Europa. Er bewohnt Heide- und Grasland sowie lichte Wälder bis etwa 2000 m Höhe. Das Männchen sieht man oft tagsüber auf der Partnersuche, die Weibchen fliegen nur nachts. Die Raupe ist erst schwarz, verfärbt sich aber später grün. Sie ist dann schwarz gebändert mit gelben oder roten, behaarten Warzen. Sie verpuppt sich in einem flaschenförmigen Kokon mit sorgfältig konstruiertem Eingang, der Feinde abhält.

Männchen

Weibchen

J	F	M	A	M	J
J	A	S	O	N	D

Wiener Nachtpfauenauge

Saturnia pyri

Spannweite:
10–13 cm

Beschreibung:
Grau bis gräulichbraun mit breitem, weißem und gelbem Rand, großer Augenfleck in der Mitte jedes Flügels. Weibchen größer

Überwinterung:
Puppe

Flugzeit:
Frühling

Fraßpflanzen der Raupe:
Hauptsächlich verschiedene Obstbäume

Dieser größte aller in Europa vorkommenden Falter ist im Süden des Kontinents recht häufig. Sein Lebensraum sind offene Landschaften und häufig die Umgebung von Obstgärten, wo man den Falter tagsüber an Baumstämmen sitzen sehen kann. Die Raupe ist zuerst schwarz und später grün gefärbt, mit gelben Streifen an den Seiten und Reihen weiß behaarter, hellblauer Warzen. Ihr birnenförmiger Kokon für die Verpuppung wird im Inneren des Baumes hergestellt.

Raupe

J	F	M	A	M	J
J	A	S	O	N	D

Endromis versicolora

Spannweite:
5,7–8,3 cm

Beschreibung:
Vorderflügel dunkelbraun, Hinterflügel orangebraun, dunkler braun und weiß gezeichnet. Weibchen gewöhnlich heller, Hinterflügel weiß

Überwinterung:
Puppe

Flugzeit:
Frühlingsanfang bis -ende

Fraßpflanzen der Raupe:
Birke *(Betula)* und wenige andere Bäume

Dieser Falter ist in fast ganz Mittel- und Nordeuropa stellenweise häufig. In südlicheren Regionen ist er hauptsächlich auf Gebirge bis in eine Höhe von etwa 2000 m beschränkt. Sein Lebensraum sind birkenbestandene, lichte Wälder und Heidelandschaften. Die dunkleren Männchen kann man auch oft am Tag fliegen sehen. Die zunächst schwarze Raupe verfärbt sich später grün. Sie verpuppt sich in einem groben Kokon am Erdboden.

Männchen

Raupe

Deilephila elpenor

J	F	M	A	M	J
J	A	S	O	N	D

Spannweite:
5,8–7 cm

Beschreibung:
Dunkelrosa, olivgrün gebändert. Hinterflügel am Körper schwarz gezeichnet. Beine und Antennen weiß. Weibchen größer

Überwinterung:
Puppe

Flugzeit:
Frühsommer

Fraßpflanzen der Raupe:
Weidenröschen *(Epilobium)*, in Gärten Fuchsie *(Fuchsia)*

Ähnliche Art:
Deilephila porcellus

Dieser Falter ist in ganz Europa in lichten Wäldern, Ödland, Parks und Gärten häufig. Die Art bevorzugt das Tiefland. Das sich verjüngende Vorderende der Raupe läßt sich sehr schnell zurückziehen, wodurch die zur Abschreckung von Freßfeinden dienenden, vorgetäuschten Augen sichtbar werden. Im August sieht man die Raupen auf der Suche nach einem Ort für die Verpuppung oft schnell über offenes Gelände kriechen.

Raupe

J	F	M	A	M	J
J	A	S	O	N	D

Deilephila porcellus

Spannweite:
4,3–5,2 cm

Beschreibung:
Ähnlich *Deilephila elpenor*, aber kleiner, Hinterflügel ohne schwarze Zeichnung, Bänderung gelblicher

Überwinterung:
Puppe

Flugzeit:
Frühlingsende

Fraßpflanzen der Raupe:
Labkraut *(Galium)* und Weidenröschen *(Epilobium)*

Ähnliche Art:
Deilephila elpenor

Außer in Nordskandinavien ist dieser Falter in fast ganz Europa recht häufig. Er bewohnt Heideland, Wiesen und anderes, offenes Grasland und wird von Geißblattblüten sehr stark angelockt. Die Raupe kann grün oder braun sein. Sie ähnelt zwar der Raupe der Art *Deilephila elpenor*, ist aber kleiner und hat nicht das für die Familie typische Horn am Hinterende. Sie verpuppt sich am Erdboden in einem lockeren Kokon unter Laubstreu.

Raupe

J	F	M	A	M	J
J	A	S	O	N	D

Hummelschwärmer

Hemaris fuciformis

Spannweite:
4,2–5 cm

Beschreibung:
Flügel transparent mit braunen Rändern. Körper hellgrünlichbraun mit dunkelbraunem Band, Seiten weiß. Geschlechter gleich

Überwinterung:
Puppe

Flugzeit:
Frühlingsende bis Frühsommer

Fraßpflanzen der Raupe:
Geißblatt *(Lonicera)* und Labkraut *(Galium)*

Außer im hohen Norden und in Teilen Spaniens ist dieser Schwärmer in fast ganz Europa recht häufig. Sein Lebensraum sind Waldränder und lichte Wälder sowie Blumenwiesen bis etwa 2000 m Höhe. Diesen Falter kann man tagsüber beobachten. Sein Habitus ähnelt verblüffend einer Biene, er fliegt aber viel schneller. Die ausgewachsenen Raupen verpuppen sich am Erdboden in einem lockeren Kokon unter abgestorbenen Blättern.

Die grauen Flügelschuppen fallen beim ersten Flug ab

Raupe

J	F	M	A	M	J
J	A	S	O	N	D

Wolfsmilchschwärmer

Hyles euphorbiae

Spannweite:
5,5–7 cm

Beschreibung:
Vorderflügel mittelbraun und dunkelcremefarben gemustert. Hinterflügel dunkelbraun, creme und rosa. Beine und Antennen cremefarben. Geschlechter gleich

Überwinterung:
Puppe

Flugzeit:
Frühlingsende und Spätsommer

Fraßpflanze der Raupe:
Wolfsmilch *(Euphorbia)*

In Mittel- und Südeuropa ist dieser Falter weitverbreitet, er wandert jedes Jahr nordwärts bis nach Südengland. Sein bevorzugter Lebensraum ist Ödland und offenes Grasland. Gewöhnlich legt das Weibchen zweimal im Jahr seine Eier ab. Die Raupe zeigt durch ihre bunte Färbung ihren Freßfeinden, daß sie giftig ist (d.h. schlecht schmeckt). Ausgewachsen, verpuppt sie sich in einem dünnen Kokon unter etwas lockerer Erde.

Raupe

J	F	M	A	M	J
J	A	S	O	N	D

Hyles vespertilio

Spannweite:
6–7,5 cm

Beschreibung:
Vorderflügel und Körper bläulichgrau, Hinterflügel rosa mit schwarzem Rand. Geschlechter gleich

Überwinterung:
Puppe

Flugzeit:
Frühlingsende und Spätsommer

Fraßpflanzen der Raupe:
Weidenröschen *(Epilobium)* und Labkraut *(Galium)*

Außer in Spanien ist dieser Schwärmer in fast ganz Europa recht häufig. Er ist kein Wanderfalter und kommt daher selten weiter im Norden vor. Er bewohnt trockenes, offenes Grasland einschließlich Bergweiden. In der Regel gibt es pro Jahr nur eine Generation, in sehr warmen Sommern kann auch eine zweite partielle Generation vorkommen. Die Raupe frißt vorwiegend nachts und versteckt sich tagsüber am Grund der Fraßpflanzen, manchmal sogar unter Steinen. Sie verpuppt sich in einem dürftigen Kokon unter Laubstreu.

Raupe

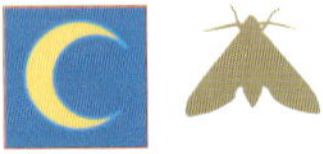

J	F	M	A	M	J
J	A	S	O	N	D

Tannenpfeil

Hyloicus pinastri

Spannweite:
7–9 cm

Beschreibung:
Vorderflügel hellgrau mit dunklerer Zeichnung. Hinterflügel bräunlichgrau, in Körpernähe heller. Geschlechter gleich

Überwinterung:
Puppe

Flugzeit:
Frühsommer

Fraßpflanzen der Raupe:
Kiefer *(Pinus)* und Fichte *(Picea)*

Dieser Falter ist außer in Schottland und Irland in ganz Europa verbreitet. Sein Vorkommen beschränkt sich auf Kiefernwälder, hauptsächlich im Tiefland, wo man ihn tagsüber oft an einem Baumstamm sieht. Nachts wird er von Blüten, wie denen des Geißblatts, angezogen. Die Mimese der Raupe ist perfekt für das Verbergen zwischen Kiefernnadeln. Sie verpuppt sich unter der Erde, manchmal ziemlich weit von der Fraßpflanze entfernt.

Raupe

J	F	M	A	M	J
J	A	S	O	N	D

Pappelschwärmer

Laothoe populi

Spannweite:
7–9 cm

Beschreibung:
In Schattierungen von Hell- und Dunkelgrau marmoriert. Außenrand der Vorderflügel stark gewellt. Hinterflügel mit rötlichbraunem Fleck in Körpernähe. Weibchen größer

Überwinterung:
Puppe

Flugzeit:
Frühlingsende, im Süden auch Spätsommer

Fraßpflanzen der Raupe:
Pappel *(Populus)*, Salweide und Weide *(Salix)*

Dieser Schwärmer ist in Europa sehr häufig, wird aber weiter im Süden etwas seltener. Sein bevorzugter Lebensraum sind lichte Wälder, Parks und Gärten im feuchten Tiefland. Weiter im Süden legen die Weibchen gewöhnlich zweimal im Jahr Eier ab, weiter nördlich erfolgt nur eine Eiablage. Die gut getarnte Raupe verpuppt sich unter der Erde in einer kleinen Kammer. Die leicht durch Licht angelockte Imago frißt nicht mehr.

Männchen

Raupe

J	F	M	A	M	J
J	A	S	O	N	D

Taubenschwänzchen

Macroglossum stellatarum

Spannweite:
4–5 cm

Beschreibung:
Vorderflügel grau mit dunkleren Wellenlinien. Hinterflügel hellorangebraun. Körperende schwarzweiß. Geschlechter gleich

Überwinterung:
Imago, manchmal Puppe. Überwintert nur im Süden

Flugzeit:
Ganzjährig

Fraßpflanzen der Raupe:
Labkraut *(Galium)* und Spornblume *(Centranthus)*

Dieser Schwärmer ist in Südeuropa sehr häufig, er wandert jedes Jahr bis nach Nordskandinavien. Man kann ihn insbesondere in Gärten und Parks beobachten. In einem blumenbestandenen Garten bleibt der Falter, der tagsüber fliegt, oft mehrere Tage und besucht regelmäßig alle paar Stunden die Blüten. In Südeuropa gibt es zwei Generationen pro Jahr, die Imago ist aber trotzdem das ganze Jahr über zu sehen. Die Raupen verpuppen sich in einem Kokon am Boden unter Laubstreu.

Raupe

J	F	M	A	M	J
J	A	S	O	N	D

Marumba quercus

Spannweite:
9-11 cm

Beschreibung:
Vorderflügel in Schattierungen von Hellbraun, gebändert. Hinterflügel einfarbig, mit etwas mehr Orange. Weibchen viel größer

Überwinterung:
Puppe

Flugzeit:
Frühsommer

Fraßpflanze der Raupe:
Eiche *(Quercus)*

Dieser sehr große Schwärmer ist in Südeuropa und besonders an der Mittelmeerküste verbreitet, wo er häufig ist. Er bevorzugt flache Hänge mit offenem Waldland. Die Imago, die nicht mehr frißt, kann tagsüber oft an einem Baumstamm sitzend beobachtet werden. Die Raupe mit dem für Schwärmer typischen Horn am Hinterleib versteckt sich permanent unter einem Blatt. Ausgewachsene Raupen verfärben sich rötlichbraun, bevor sie sich im Boden verpuppen.

Weibchen

Raupe

Lindenschwärmer

Mimas tiliae

J	F	M	A	M	J
J	A	S	O	N	D

Spannweite:
6–8 cm

Beschreibung:
Variabel. Gewöhnlich hellbraun, manchmal grün. Vorderflügel dunkler grün gemustert mit zwei großen, dunkelgrünen Flecken. Geschlechter gleich

Überwinterung:
Puppe

Flugzeit:
Frühlingsende bis Frühsommer

Fraßpflanzen der Raupe:
Linde *(Tilia)*, Ulme *(Ulmus)* und Erle *(Alnus)*

Außer in Nordskandinavien, Schottland und Irland ist dieser Schwärmer in ganz Europa sehr häufig. Er ist ein Tieflandbewohner, der lichte Wälder, Parks und Gärten sowie mit Linden bepflanzte Straßen bevorzugt. Die sehr leicht von Licht angelockte Imago nimmt keine Nahrung mehr auf. Die ausgewachsenen Raupen werden rosabraun. Sogar in Städten wandern sie oft über den Boden auf der Suche nach einem Platz zum Verpuppen.

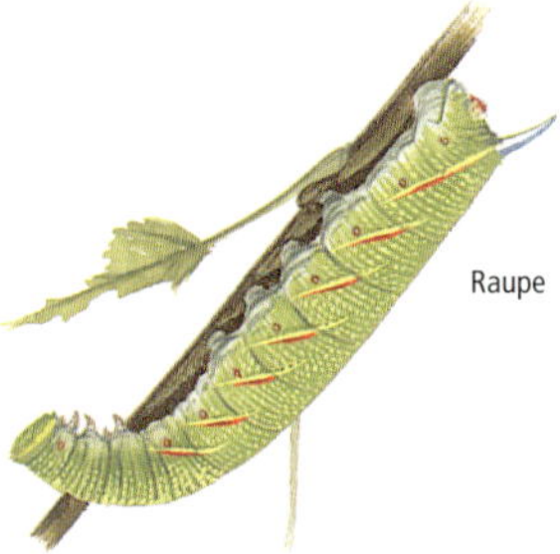

Raupe

J	F	M	A	M	J
J	A	S	O	N	D

Abendpfauenauge

Smerinthus ocellata

Spannweite:
7,6–9 cm

Beschreibung:
Vorderflügel in Braunschattierungen marmoriert. Hinterflügel rosa, jeweils mit großem Augenfleck in Blau und Schwarz in der Mitte. Geschlechter gleich

Überwinterung:
Puppe

Flugzeit:
Frühlingsende bis Frühsommer

Fraßpflanzen der Raupe:
Salweide und Weide *(Salix)*, Pappel *(Populus)* und Apfelbaum *(Malus)*

Außer im hohen Norden ist dieser Falter in fast ganz Europa stellenweise häufig. Er bewohnt lichte Wälder, Obstgärten, Parks und Gärten bis etwa 1600 m Höhe. Die Imago, die keine Nahrung mehr aufnimmt, kann man tagsüber manchmal auf einem Baumstamm sitzend beobachten. Wenn sie gestört wird, zeigt sie zur Abschreckung die beiden Augenflecken auf ihren Hinterflügeln. Die Raupe verpuppt sich im Boden in einer kleinen Kammer.

Raupe

J	F	M	A	M	J
J	A	S	O	N	D

Ligusterschwärmer

Sphinx ligustri

Spannweite:
9–12 cm

Beschreibung:
Vorderflügel hell- und dunkelbraun mit weißer Zeichnung. Hinterflügel und Abdomen rosa und schwarz gebändert. Geschlechter gleich

Überwinterung:
Puppe

Flugzeit:
Frühsommer

Fraßpflanzen der Raupe:
Liguster *(Ligustrum)*, Flieder *(Syringa)* und Esche *(Fraxinus)*

Dieser sehr große Schwärmer ist in fast ganz Europa häufig. Jedes Jahr gelangt der Wanderfalter in den Norden, wo er zu den dort beheimateten Kolonien stößt. Er bewohnt offenes Waldland, strauchige Hänge, Parks und Gärten. Manchmal fliegt er auch nachts Blumen an. Die Raupe wird am Rücken braun, wenn sie ausgewachsen ist. Zur Verpuppung, die unter der Erde stattfindet, wandert sie ein Stück von ihrer Fraßpflanze fort.

Raupe

J	F	M	A	M	J
J	A	S	O	N	D

Großer Gabelschwanz

Cerura vinula

Spannweite:
6–8 cm

Beschreibung:
Stark behaart, weiß, mit schwarzen Punkten und schwarzen Wellenlinien gezeichnet. Adern der Vorderflügel gelb, der Hinterflügel braun hervorgehoben. Geschlechter gleich

Überwinterung:
Puppe

Flugzeit:
Frühlingsmitte bis Sommermitte

Fraßpflanzen der Raupe:
Pappel *(Populus)*, Salweide und Weide *(Salix)*

In lichten Wäldern und Hecken bis in etwa 2500 m Höhe ist dieser Schwärmer in ganz Europa zu finden. Die Imago ist pelzig behaart und wird in der Nacht oft von hellem Licht angelockt. Die merkwürdig aussehende Raupe ändert vor dem Verpuppen ihre Farbe in ein sattes Pflaumenblau. An einem Baum stellt sie einen steinharten Kokon her, in dessen Seide Stücke gekauter Baumrinde zur besseren Tarnung eingearbeitet werden.

Raupe

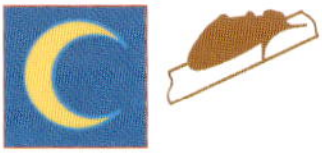

J	F	M	A	M	J
J	A	S	O	N	D

Zickzackspinner

Eligmodonta ziczac

Spannweite:
4,5–5 cm

Beschreibung:
Vorderflügel orangebraun und grau, an der Spitze große, dunkelbraune, kieselartige Zeichnung. Hinterflügel hellbraun mit dunkleren Rändern. Geschlechter gleich

Überwinterung:
Puppe

Flugzeit:
Frühlingsende bis Spätsommer

Fraßpflanzen der Raupe:
Salweide und Weide *(Salix)*

Dieser Falter ist in ganz Europa häufig. Er bevorzugt feuchte Waldränder und Hecken sowie gelegentlich große Parks bis in etwa 2500 m Höhe. Im Norden und im Gebirge legen die Weibchen nur einmal pro Jahr Eier ab, im wärmeren Süden gibt es gewöhnlich zwei Eiablagen. Die Raupe ist variabel gefärbt, aber meist gräulichbraun. Ausgewachsen, verlassen die Raupen den Baum und graben sich in die Erde ein, um sich zu verpuppen.

Raupe

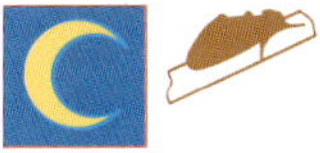

J	F	M	A	M	J
J	A	S	O	N	D

Erlenzahnspinner

Notodonta dromedarius

Spannweite:
4–5 cm

Beschreibung:
Vorderflügel dunkelgrau, rostbraun und cremefarben gezeichnet, Farbe variabel. Hinterflügel hellgraubraun. Geschlechter gleich

Überwinterung:
Puppe

Flugzeit:
Frühlingsende bis Sommermitte

Fraßpflanzen der Raupe:
Birke *(Betula)* und Erle *(Alnus)*

Dieser Falter ist in Mittel- und Nordeuropa recht verbreitet. Er bewohnt lichte Wälder und große Parkanlagen, in denen seine hauptsächlichen Fraßpflanzen wachsen. Die graue Färbung der Flügel paßt sich gut an die Rinde der Birken an, so daß der Zahnspinner fast unsichtbar wird. Die grüne bis braune Raupe ist an den vier Höckern auf ihrem Rücken zu erkennen. Sie verpuppt sich in einem Kokon am Fuß des Fraßbaumes.

Raupe

J	F	M	A	M	J
J	A	S	O	N	D

Mondvogel

Phalera bucephalus

Spannweite:
5–6,5 cm

Beschreibung:
Vorderflügel in Grauschattierungen mit schwarzen und braunen Mustern, Flügelspitze mit großem, gelbem Fleck, Hinterflügel cremeweiß. Geschlechter gleich

Überwinterung:
Puppe

Flugzeit:
Frühlingsende bis Sommermitte

Fraßpflanzen der Raupe:
Hauptsächlich Eiche *(Quercus)*, aber auch andere sommergrüne Bäume

In ganz Europa ist dieser Zahnspinner sehr häufig. Man findet ihn in sommergrünen Wäldern sowie in Parks und Gärten. Tagsüber werden die Flügel in Ruhe ganz eng an den Körper herangezogen, wodurch der Falter einem abgebrochenen Zweig verblüffend ähnlich sieht. Die jungen, bunten Raupen leben in Gruppen zusammen und fressen ganze Äste kahl. Zur Verpuppung, die unter der Erde erfolgt, trennen sie sich voneinander.

Raupe

J	F	M	A	M	J
J	A	S	O	N	D

Pappelzahnspinner

Pheosia tremula

Spannweite:
5–6 cm

Beschreibung:
Vorderflügel sehr hellgrau, Ränder dunkelbraun, in Körpernähe gelblicher, dreieckiger Fleck. Hinterflügel weiß, am unteren Rand dunkelbraun. Geschlechter gleich

Überwinterung:
Puppe

Flugzeit:
Frühlingsende bis Sommermitte

Fraßpflanzen der Raupe:
Pappel *(Populus)* und Weide *(Salix)*

Dieser Falter ist in ganz Europa häufig, man kann ihn hauptsächlich in lichten Wäldern und deren Umgebung im Tiefland beobachten. Sitzt er tagsüber auf einem Baumstamm, ist er aufgrund seiner Tarnfärbung fast nicht auszumachen. Pro Jahr werden in der Regel zweimal Eier abgelegt, im hohen Norden jedoch nur einmal. Im Winter verpuppt sich die grüne bis braune Raupe unter der Erde, ansonsten in einem Kokon unter Blättern.

Raupe

J	F	M	A	M	J
J	A	S	O	N	D

Ptilodon capucina

Spannweite:
3,5–4,3 cm

Beschreibung:
Vorderflûgel satt rötlichbraun, in der Mitte etwas dunkleres Band. Hinterflügel sehr hellbraun, am unteren Rand dunkler. Geschlechter gleich

Überwinterung:
Puppe

Flugzeit:
Frühlingsende bis Spätsommer

Fraßpflanzen der Raupe:
Pappel *(Populus)*, Birke *(Betula)* und andere Bäume oder Sträucher

Dieser in ganz Europa sehr häufige Zahnspinner bewohnt sommergrüne Wälder und Hecken sowie Parks und Gärten. Da er einem abgestorbenen Blatt sehr ähnlich sieht, ist er nicht leicht zu entdecken. Nachts wird er von hellem Licht angelockt. Pro Jahr werden zweimal Eier abgelegt. Die Raupe, deren Farbe von Grün bis Braun variiert, hat am Hinterende ein kleines, rotes Horn. Sie verpuppt sich am Fuß des Baums unter der Erde.

Raupe

J	F	M	A	M	J
J	A	S	O	N	D

Buchenspinner

Stauropus fagi

Spannweite:
5,5–7 cm

Beschreibung:
Stark behaart. Gewöhnlich hellgräulichbraun, Vorderflügel mit dunklen Punkten und weißlichen Wellenlinien gemustert. Geschlechter gleich

Überwinterung:
Puppe

Flugzeit:
Frühlingsende bis Sommermitte

Fraßpflanzen der Raupe:
Hauptsächlich Buche *(Fagus)*, auch Birke *(Betula)* und Eiche *(Quercus)*

Dieser nicht allzu häufige Falter ist außer im hohen Norden in ganz Europa anzutreffen. Er ist ein Bewohner des Waldlands. Frisch geschlüpfte Raupen sind schwarz und ähneln Ameisen oder Spinnen. Ausgewachsene Raupen haben sehr lange Vorderbeine und sitzen in Ruhestellung mit erhobenem Hinter- und Vorderende. Wenn man sie stört, können sie Säure verspritzen. Sie verpuppen sich in einem Kokon aus zwei Blättern.

Raupe

J	F	M	A	M	J
J	A	S	O	N	D

Erleneule

Acronicta alni

Spannweite:
3,3–4 cm

Beschreibung:
Vorderflügel hellgrau, fein schwarz gezeichnet und mit schwarzem, schattenartigem Fleck. Hinterflügel weiß, an den Rändern grau. Geschlechter gleich

Überwinterung:
Puppe

Flugzeit:
Frühlingsende

Fraßpflanzen der Raupe:
Erle *(Alnus)*, Eiche *(Quercus)* und viele andere Bäume

Dieser Falter ist in ganz Europa in sommergrünen Wäldern des Tieflands stellenweise häufig. Die Imago ist fast nie zu sehen, da sie aufgrund ihrer Färbung völlig mit der Baumrinde verschmilzt, auf der sie tagsüber sitzt. Junge Raupen ähneln Vogelkot. Ausgewachsene Raupen sind auffällig schwarz, mit gelben Flecken gemustert und haben an den Seiten lange Haarpinsel. Sie verpuppen sich unter Baumrinde.

Raupe

J	F	M	A	M	J
J	A	S	O	N	D

Weißdorneule

Allophyes oxyacanthae

Spannweite:
3,5–4,5 cm

Beschreibung:
Vorderflügel grün schimmernd, darunter hellbraun mit breitem, dunkelgrauem Band und kleinem, halbmondförmigem Fleck. Hinterflügel hellbraun

Überwinterung:
Ei

Flugzeit:
Herbstbeginn

Fraßpflanzen der Raupe:
Schlehe *(Prunus)*, Weißdorn *(Crataegus)* und Apfelbaum *(Malus)*

Diese Eule ist in Wäldern und Hecken des Tieflands in ganz Europa weitverbreitet. Tagsüber sitzt der Falter an Baumstämmen und ist aufgrund seiner Musterung äußerst schwierig auszumachen. Nachts wird er sehr stark von Herbstblühern wie dem Efeu angelockt. Die ausgewachsene, ebenfalls ausgezeichnet getarnte Raupe erkennt man an zwei kleinen Höckern an ihrem Hinterende. Die Verpuppung erfolgt in einem Kokon am Erdboden unter Laubstreu.

Raupe

J	F	M	A	M	J
J	A	S	O	N	D

Anarta myrtilli

Spannweite:
2–2,5 cm

Beschreibung:
Vorderflügel rötlichbraun und Schwarz auf Weiß gesprenkelt. Hinterflügel hellgelb mit breitem, schwarzem Rand. Geschlechter gleich

Überwinterung:
Puppe

Flugzeit:
Frühlingsende bis Sommermitte, je nach Generation und Gegend

Fraßpflanzen der Raupe:
Heidekraut *(Calluna)* und Glockenheide *(Erica)*

Diese kleine Eule ist in ganz Europa häufig. Man findet sie hauptsächlich in Heideland und Mooren bis in etwa 2000 m Höhe. Die Imago fliegt bei sonnigem Wetter tagsüber und versteckt sich an trüben Tagen. Auch die unbehaarte Raupe ist vorwiegend tagaktiv, sie ist aber aufgrund ihrer ausgezeichneten Tarnung nur schwer auszumachen. Sie verpuppt sich am Boden unter Laubstreu. Die Weibchen legen bis zweimal im Jahr Eier ab.

Raupe

J	F	M	A	M	J
J	A	S	O	N	D

Gammaeule

Autographa gamma

Spannweite:
3,5–4,3 cm

Beschreibung:
Vorderflügel hellbräunlichgrau, dunkler gesprenkelt, silbrige Y-Zeichnung. Hinterflügel hellbraun. Am Rücken zwei auffällige Haarbüschel. Geschlechter gleich

Überwinterung:
Raupe

Flugzeit:
Frühlingsende bis Herbst. 2 Generationen

Fraßpflanzen der Raupe:
Viele niedere Pflanzen

Dieser Falter ist hauptsächlich in Südeuropa zu Hause. Er wandert zwar jedes Jahr nordwärts und erreicht sogar Lappland, kann aber dort den Winter nicht überleben. Er ist weitverbreitet, da er nicht auf bestimmte Fraßpflanzen festgelegt ist. Diese Eule kann am Tag und in der Nacht beobachtet werden, fliegt aber meist in der Abenddämmerung. Die hell- bis dunkelgrüne Raupe verpuppt sich in einem Kokon unter Laubstreu.

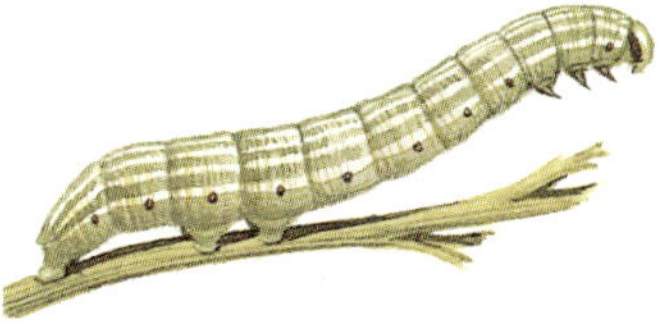

Raupe

J	F	M	A	M	J
J	A	S	O	N	D

Scheck-Tageule

Callistege mi

Spannweite:
2,7–3,5 cm

Beschreibung:
Vorderflügel gräulichbraun und weiß mit dunklerem Muster ähnlich einem Hexengesicht. Hinterflügel dunkelbraun, gelb gefleckt. Geschlechter gleich

Überwinterung:
Puppe

Flugzeit:
Frühlingsende und Sommermitte, nur im Frühling in kälteren Gegenden

Fraßpflanzen der Raupe:
Klee *(Trifolium)* und verwandte Pflanzen

Mit Ausnahme von Nordskandinavien ist dieser Falter in ganz Europa verbreitet. Man findet ihn in lichten Wäldern und Grasland bis in etwa 1700 m Höhe. Der Habitus dieser Eule ähnelt eher dem eines Dickkopf-Falters. Die Imago fliegt tagsüber, aber da sie keine Nahrung aufnimmt, wird sie nicht von Blüten angelockt. Die hellbraune Raupe ist gut getarnt. Ausgewachsen verpuppt sie sich in einem Kokon unter Grashalmen.

Raupe

J	F	M	A	M	J
J	A	S	O	N	D

Blaues Ordensband

Catocala fraxini

Spannweite:
7,5–10 cm

Beschreibung:
Vorderflügel sehr hellbräunlichgrau, dunkler gesprenkelt. Hinterflügel schwarz mit weißem Saum und hellfliederfarbenem Band. Geschlechter gleich

Überwinterung:
Ei

Flugzeit:
Sommermitte

Fraßpflanzen der Raupe:
Pappel *(Populus)* und andere Bäume

Dieser große Falter kommt im größten Teil Mittel- und Nordeuropas häufig vor. Sein Lebensraum sind offene, sommergrüne Wälder. In Ruhestellung bedecken die dachartig zusammengefalteten, rindenfarbigen Vorderflügel die auffällig gebänderten Hinterflügel, so daß das Ordensband an einem Baumstamm sitzend schwer auszumachen ist. Zur Verpuppung stellt die Raupe am Erdboden unter Laubstreu einen recht dürftigen Kokon her.

Raupe

J	F	M	A	M	J
J	A	S	O	N	D

Rotes Ordensband

Catocala nupta

Spannweite:
7–8 cm

Beschreibung:
Vorderflügel hellgraubraun, dunkler gesprenkelt. Hinterflügel schwarz und scharlachrot gebändert, mit weißem Saum

Überwinterung:
Ei

Flugzeit:
Spätsommer

Fraßpflanzen der Raupe:
Pappel *(Populus)* und verwandte Bäume

Dieser Falter ist in ganz Europa verbreitet, fehlt aber in Nordskandinavien, Schottland und Irland. Er bewohnt offenes Waldland, Parks sowie Gärten und frißt nachts an faulenden Früchten. Wie bei allen Ordensbändern bekommen Freßfeinde zur Abschreckung plötzlich die auffallend gefärbten Hinterflügel gezeigt. Die Raupe frißt nur nachts und verpuppt sich in einem Kokon unter Laubstreu oder Baumrinde.

Raupe

J	F	M	A	M	J
J	A	S	O	N	D

Graseule

Cerapteryx graminis

Spannweite:
2,8–3,5 cm

Beschreibung:
Vorderflügel mittelbraun, dunkler gefleckt, Adern deutlich cremefarben hervorgehoben. Hinterflügel braun, in Körpernähe heller. Weibchen größer und heller

Überwinterung:
Ei

Flugzeit:
Sommer

Fraßpflanzen der Raupe:
Gräser

In Nord- und Mitteleuropa ist diese Eule sehr häufig und dort in offenem Grasland bis in etwa 2000 m Höhe zu Hause. Sie fliegt sowohl am Tag und als auch nachts umher. Wie bei vielen Arten, deren Raupen an Gräsern fressen, legt das Weibchen die Eier im Flug ab. Die ausgeschlüpften Raupen können große Schäden anrichten. Sie fressen meist nachts und verpuppen sich in einem Kokon unter Graswurzeln.

Raupe

J	F	M	A	M	J
J	A	S	O	N	D

Schattenmönch

Cucullia umbraticae

Spannweite:
4,5–5,5 cm

Beschreibung:
Vorderflügel sehr hellbräunlichgrau, mit dünnen, schwarzen Linien. Hinterflügel weiß, Adern hellbraun hervorgehoben. Weibchen dunkler

Überwinterung:
Puppe

Flugzeit:
Frühlingsende bis Frühsommer

Fraßpflanzen der Raupe:
Niedere Pflanzen wie Lattich *(Lactuca)*

Dieser Falter ist in ganz Europa sehr häufig. Sein Lebensraum umfaßt unebenes, offenes Gelände, Parks und Gärten. Tagsüber ist er in Ruhe gut getarnt und daher schwer zu entdecken. Nachts wird der Falter sehr stark von Blüten angelockt, beispielsweise von denen des Geißblatts. Die Raupe frißt Blüten und Blätter; sie verpuppt sich an der Fraßpflanze in einem lockeren, dünnen Kokon.

Raupe

J	F	M	A	M	J
J	A	S	O	N	D

Brauner Mönch

Cucullia verbasci

Spannweite:
4,5–5,5 cm

Beschreibung:
Vorderflügel hellbraun, Ränder dunkler gemustert. Hinterflügel dunkelbraun, in Körpernähe heller. Alle Flügel gewellt. Kopf unter einem Büschel längerer Haare verborgen. Geschlechter gleich

Überwinterung:
Puppe

Flugzeit:
Frühlingsmitte

Fraßpflanze der Raupe:
Königskerzen *(Verbascum)*

Dieser Falter ist in fast ganz Europa recht verbreitet, in Nordskandinavien und Schottland ist er aber nicht zu finden. Er bewohnt rauhes, offenes Gelände, Ödland und Gärten. Die Eule ist durch ihre Färbung perfekt an abgestorbenes Holz angepaßt und sehr schwer auszumachen. Die leuchtenden Farben der Raupe signalisieren Freßfeinden, daß sie ungenießbar ist. Sie verpuppt sich unter der Erde.

Raupe

J	F	M	A	M	J
J	A	S	O	N	D

Diachrysia chrysitis

Spannweite:
3,5–4,2 cm

Beschreibung:
Vorderflügel hellrosabraun und leuchtend messinggelb gebändert. Hinterflügel hellbraun. Geschlechter gleich

Überwinterung:
Raupe

Flugzeit:
Frühlingsende und Spätsommer

Fraßpflanzen der Raupe:
Brennessel *(Urtica)* und verwandte Pflanzen

Dieser häufige Falter kommt in ganz Europa vor. Man findet ihn in Gärten, an Hecken sowie auf Wiesen. Er ist hauptsächlich nachts aktiv, man kann ihn gelegentlich aber auch tagsüber beobachten, wenn er in der Sonne sitzt. Pro Jahr werden zweimal Eier abgelegt, in kälteren Regionen legen die Weibchen manchmal nur einmal Eier ab. Die ausgewachsene Raupe verpuppt sich in einem weißen Kokon unter Blättern der Fraßpflanze.

Raupe

J	F	M	A	M	J
J	A	S	O	N	D

Kletteneule

Gortyna flavago

Spannweite:
3,8–4,3 cm

Beschreibung:
Hellgelbbraun, dunkler gezeichnet, Vorderflügelrand mit breitem, braunem Band. Hinterflügel cremeweiß. Weibchen größer

Überwinterung:
Ei

Flugzeit:
Spätsommer bis Herbstmitte

Fraßpflanzen der Raupe:
Disteln *(Cirsium, Carduus)* und Klette *(Arctium)*; gelegentlich Kartoffel *(Solanum)* oder Tomate *(Lycopersicon)*

Außer im hohen Norden ist diese Eule in fast ganz Europa verbreitet. Ihr bevorzugter Lebensraum sind offene Flächen wie Ödland und Felder, besonders in der Nähe feuchter oder morastiger Stellen. Der Falter wird manchmal zu einem Schädling. Die Raupe verbringt ihr Leben im Inneren des fleischigen Sprosses ihrer Fraßpflanze. Selbst ihre Verpuppung findet im Frühsommer in Bodennähe in diesem ausgehöhlten Versteck statt.

Raupe

J	F	M	A	M	J
J	A	S	O	N	D

Nesselschnabeleule

Hypena probosidalis

Spannweite:
2,5–3,8 cm

Beschreibung:
Vorderflügel hellbraun, mit dunkleren Bändern und einer Reihe winziger weißer Punkte. Hinterflügel einfach hellbraun. Geschlechter gleich

Überwinterung:
Raupe

Flugzeit:
Frühlingsende und Spätsommer

Fraßpflanzen der Raupe:
Brennessel *(Urtica)* und verwandte Pflanzen

Diese leicht bestimmbare, eher wie ein Spanner aussehende Eule ist in ganz Europa sehr häufig. Sie ist ein Bewohner von Ödland, Hecken und Gärten. Kennzeichnend sind die verlängerten Palpen, die eine »Schnauze« bilden, wodurch der Falter einem trockenen Blatt um so ähnlicher sieht. Je nach Gegend und Klima gibt es 1–2 Eiablagen pro Jahr. Die Raupen fressen an modernden Blättern. Sie verpuppen sich in einem Kokon unter den Blättern der Fraßpflanze.

Raupe

J	F	M	A	M	J
J	A	S	O	N	D

Kohleule

Mamestra brassicae

Spannweite:
4–4,7 cm

Beschreibung:
Vorderflügel grau, dunkler gesprenkelt, zwei helle Flecken nahe der Mitte. Hinterflügel hellgrau. Geschlechter gleich

Überwinterung:
Puppe

Flugzeit:
Frühlingsende bis Herbstbeginn, je nach Gegend

Fraßpflanzen der Raupe:
Kohl *(Brassica)* und viele andere, niedere Pflanzen

Dieser Falter gehört zu den häufigsten Schädlingen in Gärten und auf landwirtschaftlich genutzten Flächen in ganz Europa. Er bewohnt hauptsächlich das Tiefland, ist aber manchmal auch im Gebirge zu finden. Außer dem Kohl haben die Raupen noch andere Fraßpflanzen. In kälteren Regionen gibt es nur eine Generation pro Jahr, an wärmeren Orten können es zwei sein. Wenn die grün oder braun gefärbte Raupe ausgewachsen ist, verpuppt sie sich unter der Erde.

Raupe

J	F	M	A	M	J
J	A	S	O	N	D

Melanchra persicariae

Spannweite:
3,7–4,5 cm

Beschreibung:
Vorderflügel dunkelgrau mit schwarzer Zeichnung, nahe der Mitte mit weißem Fleck. Hinterflügel hellgrau, in Körpernähe heller. Geschlechter gleich

Überwinterung:
Puppe

Flugzeit:
Frühsommer bis Sommermitte

Fraßpflanzen der Raupe:
Viele niedere Pflanzen, Bäume und Sträucher

Mit Ausnahme von Nordskandinavien und Schottland ist diese Eule in ganz Europa verbreitet. Man findet sie in jedem Lebensraum, aber am häufigsten in Kulturland wie Parks und Gärten. Tagsüber kann man sie selten beobachten, aber nachts wird der Falter leicht durch helles Licht angelockt. Die Raupe, deren Farbe von Grün bis Braun variiert, hat am Hinterende einen kleinen Höcker. Sie verpuppt sich unter der Erde in einem Kokon.

Raupe

J	F	M	A	M	J
J	A	S	O	N	D

Schwarzes Ordensband

Mormo maura

Spannweite:
6–7 cm

Beschreibung:
Dunkel graubraun mit dunklerer Zeichnung. Hinterflügel mit hellbraunem Rand. Weibchen größer

Überwinterung:
Raupe

Flugzeit:
Sommermitte bis Spätsommer

Fraßpflanzen der Raupe:
Zunächst Ampfer *(Rumex)*, im Frühling verschiedene Bäume und Sträucher

Dieser große Falter ist in ganz Mittel- und Südeuropa verbreitet. Sein Lebensraum sind lichte Wälder und Hecken, aber auch Gärten. Am Tage versteckt sich die Imago an dunklen Stellen, beispielsweise in hohlen Bäumen und gelegentlich auch in Häusern. Die Raupe frißt zunächst an niederen Pflanzen, nach der Überwinterung wechselt sie jedoch zu Laubbäumen und Sträuchern. Die Verpuppung erfolgt unter der Erde.

Raupe

J	F	M	A	M	J
J	A	S	O	N	D

Naenia typica

Spannweite:
4–4,7 cm

Beschreibung:
Vorderflügel hell und dunkelbräunlichgrau gescheckt, Adern weiß hervorgehoben. Hinterflügel hellrehbraun, am Körper fast weiß. Geschlechter gleich

Überwinterung:
Raupe

Flugzeit:
Frühsommer bis Sommermitte

Fraßpflanzen der Raupe:
Viele niedere Pflanzen, Bäume und Sträucher

Mit Ausnahme von Nordskandinavien ist dieser Falter überall häufig. Er bewohnt Waldränder, Hecken und Gärten im Tiefland und kommt nur selten im Hügelland vor. Am Tag ist er nicht leicht zu entdecken. Nachts wird die Eule sehr stark von Ligusterblüten angezogen. Die hellbraune Raupe frißt an unterschiedlichsten Pflanzen. Wenn sie ausgewachsen ist, verpuppt sie sich in einem dünnen Kokon unter dem Erdboden.

Raupe

J	F	M	A	M	J
J	A	S	O	N	D

Hausmutter

Noctua pronuba

Spannweite:
5–6 cm

Beschreibung:
Vorderflügel mittelbraun, nahe der Mitte ein dunkler und ein heller Fleck, mit weiterem dunklem Fleck an der Spitze. Hinterflügel hellgelb, nahe dem Rand schwarz gebändert. Weibchen größer und heller

Überwinterung:
Raupe

Flugzeit:
Frühsommer bis Herbstbeginn

Fraßpflanzen der Raupe:
Viele niedere Pflanzen

Dieser Falter ist in ganz Europa häufig. Man findet ihn in Gärten und anderem Kulturland, wo er gelegentlich zum Schädling wird. Oft trifft man ihn auch in Häusern. Nachts wird er sehr leicht von Blüten und hellem Licht angezogen. Im wärmeren Süden tritt er an den heißesten Tagen in einen Ruhezustand ein. Die grüne oder braune Raupe frißt nachts und versteckt sich tagsüber unter der Erde. Die Verpuppung findet im Boden statt.

Raupe

J	F	M	A	M	J
J	A	S	O	N	D

Orthosia gothica

Spannweite:
3,3–3,8 cm

Beschreibung:
Vorderflügel hellbräunlichgrau, marmoriert, mit deutlichem, dunklem Flecken nahe der Mitte. Hinterflügel sehr hellbraun. Geschlechter gleich

Überwinterung:
Puppe

Flugzeit:
Frühlingsanfang bis -mitte

Fraßpflanzen der Raupe:
Viele niedere Pflanzen, Bäume und Sträucher

Dieser in Europa sehr häufige Falter ist am häufigsten in bewaldetem und bewirtschaftetem Gelände zu finden, kommt aber sogar im Gebirge vor. Die nachtaktive Imago schlüpft sehr früh im Jahr, wenn es noch nicht allzu viele Blüten gibt. Daher kann man sie am ehesten an Blüten der Salweiden beobachten. Die hellgrüne Raupe trägt eine perfekte Tarntracht. Zur Verpuppung vergräbt sie sich im Boden.

Raupe

J	F	M	A	M	J
J	A	S	O	N	D

Kieferneule

Panolis flammea

Spannweite:
3–3,8 cm

Beschreibung:
Vorderflügel orangebraun und weiß marmoriert, nahe der Mitte deutlicher weißer Fleck. Hinterflügel hellbraun. Geschlechter gleich

Überwinterung:
Puppe

Flugzeit:
Frühlingsanfang bis -mitte

Fraßpflanze der Raupe:
Kiefer *(Pinus)*

Diese Eule ist in ganz Europa häufig, fehlt aber in Nordskandinavien. Die früh im Jahr fliegende Imago sieht man nachts vor allem an Blüten der Salweiden bei der Nahrungssuche. Die gut getarnten Raupen der Kieferneulen leben in Gruppen und werden oft zu ernstlichen Schädlingen. Ihre Verpuppung erfolgt in einem dünnen Kokon am Boden unter abgeworfenem Laub oder unter der Rinde ihrer Fraßbäume.

Raupe

J	F	M	A	M	J
J	A	S	O	N	D

Achateule

Phlogophora meticulosa

Spannweite:
4,5–5 cm

Beschreibung:
Leicht erkennbar an gekräuselten Flügeln und großem, dreieckigem Fleck in der Mitte der Vorderflügel. Hinterflügel sehr hell, mit feinen, dunklen Linien. Geschlechter gleich

Überwinterung:
Puppe oder Raupe

Flugzeit:
Frühling bis Herbst

Fraßpflanzen der Raupe:
Viele niedere Pflanzen und Sträucher

Mit Ausnahme von Nordskandinavien ist diese Eule in ganz Europa verbreitet. Man sieht sie oft in Gärten. Von der Imago gibt es zwei Formen mit unterschiedlicher Färbung, eine olivgrüne und eine rosabraune. In Ruhe sehen die Flügel gekräuselt aus, was den Eindruck eines trockenen Blattes verstärkt. Pro Jahr gibt es mehrere, überlappende Generationen. Die grüne oder braune Raupe verpuppt sich im sehr dünnen Kokon am Boden.

Raupe

J	F	M	A	M	J
J	A	S	O	N	D

Pseudoips fagana

Spannweite:
3,2–4 cm

Beschreibung:
Vorderflügel diagonal grün und weiß gestreift, mit rötlichorangem (Männchen) oder weißem (Weibchen) Rand. Hinterflügel weiß, beim Männchen gelb getönt

Überwinterung:
Puppe

Flugzeit:
Frühsommer

Fraßpflanzen der Raupe:
Buche *(Fagus)*, Eiche *(Quercus)* und Birke *(Betula)*

Dieser kleine Falter ist in Nord- und Mitteleuropa sowie in einigen weiter südlich gelegenen Regionen verbreitet. Er kommt vorwiegend hoch im Gebirge, in Buchenwäldern und auch an Hecken vor. Er ist zwar sehr schwer auszumachen, aber wenn man ihn sieht, ist er leicht zu erkennen. Die ebenfalls gut getarnte Raupe verpuppt sich in einem bootförmigen Kokon unter einem Laubblatt oder am Boden unter abgeworfenem Laub.

Weibchen

Raupe

J	F	M	A	M	J
J	A	S	O	N	D

Zimteule

Scoliopteryx libatrix

Spannweite:
4–4,5 cm

Beschreibung:
Hellrötlichbraun. Vorderflügel tief eingekerbt, mit orangebraunen Flecken und weißen Streifen. Geschlechter gleich

Überwinterung:
Imago

Flugzeit:
Spätsommer bis Herbstbeginn und Frühling

Fraßpflanzen der Raupe:
Pappel *(Populus)* und Weide *(Salix)*

Diesen häufigen Falter findet man in ganz Europa. Er bewohnt bevorzugt feuchtes, offenes Gelände sowie Parks und Gärten bis in etwa 2000 m Höhe. Gewöhnlich sieht man ihn an Efeublüten, er wird aber manchmal auch von überreifem Obst angelockt. Gelegentlich stört man ihn beim Überwintern in Schuppen oder anderen Nebengebäuden auf. Die gut getarnte Raupe verpuppt sich in einem weißen Kokon unter Laubblättern.

Raupe

J	F	M	A	M	J
J	A	S	O	N	D

Gemeines Moderholz

Xylena exsoleta

Spannweite:
5,5–6,5 cm

Beschreibung:
Hellstrohfarben. Vorderflügel mit dunkleren Rändern und zwei großen, dunkleren Flecken nahe der Mitte. Weibchen in der Regel dunkler

Überwinterung:
Imago

Flugzeit:
Herbstbeginn und Frühling

Fraßpflanzen der Raupe:
Viele niedere Pflanzen und einige Bäume

Außer in Nordskandinavien ist dieser Falter in ganz Europa verbreitet. Er bewohnt Sümpfe und Torfmoore sowie lichte Wälder und Kulturland. In Ruhe faltet er seine Flügel eng um den Körper und ähnelt dann verblüffend einem Stück Holz, wodurch es sehr schwierig ist, ihn zu entdecken. Am besten sieht man den Falter nachts bei der Nahrungssuche an Efeu- und Salweidenblüten. Ausgewachsene Raupen verpuppen sich in der Erde.

Raupe

J	F	M	A	M	J
J	A	S	O	N	D

Streckfuß

Dasychira pudibunda

Spannweite:
5–6,5 cm

Beschreibung:
Vorderflügel sehr hellbräunlichgrau, in der Mitte dunkleres Band. Hinterflügel fast weiß. Weibchen viel größer und heller

Überwinterung:
Puppe

Flugzeit:
Frühlingsende

Fraßpflanzen der Raupe:
Viele Bäume und Sträucher

Außer in Schottland ist dieser Falter in fast ganz Nord- und Mitteleuropa verbreitet. Man kann ihn in Waldland, Parks und Gärten bis etwa 1000 m Höhe beobachten. Die stark behaarte Raupe ist hellgelb oder grün und hat am Rücken vier auffällige weiße oder gelbe Haarbüschel. Dazwischen liegen schwarze Streifen. Das Hinterende trägt ein langes, rosafarbenes Haarbüschel. Die Raupe verpuppt sich in einem seidenen Kokon in Bodennähe.

Männchen

Weibchen

J	F	M	A	M	J
J	A	S	O	N	D

Goldafter

Euproctis chrysorrhoea

Spannweite:
3–4,3 cm

Beschreibung:
Männchen reinweiß, Abdomen vollständig braun. Weibchen ähnlich, aber größer, Abdomen nur an der Spitze braun

Überwinterung:
Raupe

Flugzeit:
Sommermitte

Fraßpflanzen der Raupe:
Viele Bäume und Sträucher

Dieser Falter ist in ganz Mittel- und Südeuropa häufig und wohlbekannt. Er bewohnt hauptsächlich Wälder und Hecken, ebenso Parks, Gärten und Obstgärten. Das Weibchen legt in großen Mengen Eier ab und bedeckt sie mit Haaren von seiner Abdomenspitze. Die Raupen leben zusammen in einem seidenen Gespinst, bis sie ausgewachsen sind. Ihre Haare können schmerzhafte Rötungen und sogar zeitweilige Erblindung hervorrufen.

Männchen

Raupe

J	F	M	A	M	J
J	A	S	O	N	D

Schlehenspinner

Orgyia antiqua

Spannweite:
2,5–3 cm

Beschreibung:
Männchen dunkel orangebraun, jeder Vorderflügel mit weißem Fleck. Weibchen grau, flügellos

Überwinterung:
Ei

Flugzeit:
Sommermitte bis Herbstbeginn. 2–3 Generationen

Fraßpflanzen der Raupe:
Die meisten Bäume und Sträucher

Außer in Südspanien ist dieser Falter in ganz Europa häufig. Er bewohnt Waldland, Parks und Gärten. Das Männchen sieht man oft nachmittags auf der Suche nach Weibchen umherfliegen. Diese verlassen nie ihre Kokons, auf deren Außenseite sie die Eier ablegen. Die Raupen sind dunkelgrau mit roten Punkten und vier dichten, gelben Haarbüscheln am Rücken, die zu Hautrötungen führen. In großer Zahl werden sie zu Fraßschädlingen.

Weibchen mit Eiern am Kokon

Männchen

J	F	M	A	M	J
J	A	S	O	N	D

Schwammspinner

Lymantria dispar

Spannweite:
3,5–5,5 cm

Beschreibung:
Männchen hellbräunlichgrau, mit dunkelbraunem Wellenmuster. Weibchen viel größer und sehr hell

Überwinterung:
Ei

Flugzeit:
Sommermitte bis Spätsommer

Fraßpflanzen der Raupe:
Viele sommergrüne Bäume

Dieser Spinner kommt außer in Nordskandinavien und Großbritannien in ganz Europa vor. Gewöhnlich lebt er in Wäldern und Obstgärten und kann dort zum Schädling werden, da er ganze Bäume entlaubt. Die Männchen kann man tagsüber beobachten, das Weibchen fliegt jedoch selten. Es bedeckt seine Eier mit Haaren von seinem Abdomen. Die graue Raupe hat am Rücken einen schwarzen Streifen und hat blaue, rote und gelbe, behaarte Flecken.

Weibchen

Männchen

J	F	M	A	M	J
J	A	S	O	N	D

Nonne

Lymantria monacha

Spannweite:
3,5–5,5 cm

Beschreibung:
Vorderflügel beim Männchen weiß mit schwarzer Wellenzeichnung. Hinterflügel hellrauchbraun, mit Weiß und Schwarz gesäumt. Weibchen viel größer und stärker gezeichnet, Abdomen gestreift

Überwinterung:
Ei

Flugzeit:
Sommermitte bis Spätsommer

Fraßpflanzen der Raupe:
Kiefer *(Pinus)*, Eiche *(Quercus)* und Birke *(Betula)*

Mit Ausnahme des sehr hohen Nordens ist dieser Spinner in fast ganz Nord- und Mitteleuropa recht verbreitet. Er bewohnt Laubwälder und Kiefernwälder, in denen er gelegentlich zum ernstlichen Forstschädling wird. Die gräulichbraune, mit schwarzen Punkten und Streifen gezeichnete Raupe ist sehr stark behaart. Sie verpuppt sich in einem Kokon, der unter der Baumrinde versteckt ist.

Raupe

Männchen

J	F	M	A	M	J
J	A	S	O	N	D

Brauner Bär

Arctia caja

Spannweite:
4,5–6,5 cm

Beschreibung:
Sehr variabel. Vorderflügel weiß, mit dunkelbraunen Flecken. Hinterflügel rot bis gelb, mit blauen, schwarz umrandeten Flecken. Weibchen größer

Überwinterung:
Raupe

Flugzeit:
Frühsommer bis Sommermitte

Fraßpflanzen der Raupe:
Brennessel *(Urtica)*, Löwenzahn *(Taraxacum)* und viele andere, niedere Pflanzen

Ähnliche Art:
Schwarzer Bär

Dieser Falter ist in fast ganz Europa sehr häufig. Er kommt fast überall dort vor, wo er seine Fraßpflanzen findet. Das Aussehen des bunten Falters ist äußerst variabel. In Ruhe legt er seine Flügel dachförmig zusammen. Die dichtbehaarten Raupen kann man im Frühling, vor allem an sonnigen Tagen, beim Fressen beobachten. Ihre Verpuppung erfolgt in einem weißen, seidenen Kokon.

Raupe

J	F	M	A	M	J
J	A	S	O	N	D

Schwarzer Bär

Arctia villica

Spannweite:
4,5–6 cm

Beschreibung:
Variabel. Vorderflügel dunkelbraun, mit cremefarbenen Flecken. Hinterflügel orange, mit braunen Flecken

Überwinterung:
Raupe

Flugzeit:
Frühlingsende

Fraßpflanzen der Raupe:
Löwenzahn *(Taraxacum)* und Ampfer *(Rumex)*

Ähnliche Art:
Brauner Bär

Dieser Falter ist in fast ganz Europa verbreitet, ist aber nicht so häufig wie der Braune Bär. Er bewohnt Wälder und Hecken sowie geschütztes Grasland. Abends wird er sehr stark von Lichtern angezogen, zum Teil fliegt er aber auch am Tag umher. Die Raupen tragen Haarbüschel, wie sie für diese Familie typisch sind. Man kann sie im Frühling beobachten, wenn sie mit beachtlicher Geschwindigkeit über den Boden kriechen.

Raupe

J	F	M	A	M	J
J	A	S	O	N	D

Callimorpha dominula

Spannweite:
4,5–5,5 cm

Beschreibung:
Äußerst variabel. Vorderflügel mit weißen und gelben Flecken auf schwarzem Untergrund. Hinterflügel mit schwarzen Flecken auf rotem oder gelbem Untergrund. Geschlechter gleich

Überwinterung:
Raupe

Flugzeit:
Frühlingsende bis Spätsommer

Fraßpflanzen der Raupe:
Zahlreiche niedere Pflanzen, besonders Brennessel *(Urtica)* und Beinwell *(Symphytum)*

Dieser Falter ist in den gemäßigteren Regionen Europas und Asiens zu Hause, kommt in einigen Ländern jedoch nur stellenweise vor. Er ist stark auf feuchte Habitate wie Flußufer und die Umgebung feuchter Wiesen angewiesen. Bei diesem Bärenspinner sind die Mundwerkzeuge der Imago gut entwickelt. Daher kann man den Falter tagsüber und in der Nacht dabei beobachten, wie er von Blüte zu Blüte fliegt und Nektar sammelt.

Raupe

J	F	M	A	M	J
J	A	S	O	N	D

Rotrandbär

Diacrisia sannio

Spannweite:
3,5–4,5 cm

Beschreibung:
Vorderflügel beim Männchen mit deutlichem, rötlichbraunem Fleck in der Mitte, gegen die cremefarbenen oder weißen Hinterflügel durch dunklen Rand abgegrenzt. Weibchen ähnlich gezeichnet, aber Fleck auf den Vorderflügeln weniger deutlich

Überwinterung:
Raupe

Flugzeit:
Im Norden Frühsommer, im Süden Frühlingsende bis Sommermitte

Fraßpflanzen der Raupe:
Sehr viele niedere Pflanzen

Dieser Spinner ist in ganz Europa verbreitet, wo er Heide-, Moor- und Hügelland bewohnt. Die Männchen, die tagsüber und nachts umherfliegen, werden sehr stark von Licht angelockt. Das Weibchen ist nur nachts zu beobachten. Im Norden legt es einmal pro Jahr Eier ab, im Süden dagegen zweimal. Die behaarte Raupe ist rötlichbraun und am Rücken cremefarben gestreift. Sie verpuppt sich in einem dünnen Kokon unter Laubstreu.

Männchen

Weibchen

J	F	M	A	M	J
J	A	S	O	N	D

Flechtenspinner

Eilema lurideola

Spannweite:
2,8–3,5 cm

Beschreibung:
Vorderflügel hellgrau, am Außenrand schmal cremefarben abgesetzt. Hinterflügel weiß, cremefarben getönt

Überwinterung:
Raupe

Flugzeit:
Frühsommer bis Sommermitte

Fraßpflanzen der Raupe:
Flechten, in Gefangenschaft auch das Laub verschiedener Pflanzen

Mit Ausnahme des hohen Nordens ist er in ganz Europa zu finden. Er hält sich bevorzugt in bewaldeten Gegenden und an Hecken auf. In Ruhe sind die Flügel des Spinners flach über dem Körper zusammengefaltet. In der Dämmerung fliegt er umher, um Blüten wie z. B. die der Distel zu besuchen. Nachts wird er stark von hellem Licht angelockt. Der Kokon der schwarzen, rot gesteiften Raupe wird in einem Rindenspalt angelegt.

Raupe

J	F	M	A	M	J
J	A	S	O	N	D

Wegerichbär

Parasemia plantaginis

Spannweite:
3,2–3,8 cm

Beschreibung:
Variables Muster aus schwarzen Flecken auf weißen oder cremefarbenen Vorderflügeln und gelben Hinterflügeln. Weibchen besonders auf Hinterflügeln dunkler gefleckt, gelbe Färbung kann ins Rötliche übergehen

Überwinterung:
Raupe

Flugzeit:
Frühsommer bis Sommermitte

Fraßpflanzen der Raupe:
Viele verschiedene, niedere Pflanzen

Dieser in ganz Europa häufige Bärenspinner bewohnt offenes Gelände, beispielsweise Heideland, Moore, Hügelland und lichte Wälder. Er fliegt nachts und tagsüber. Am Tag hält er sich aber immer sehr nahe am Erdboden auf. Die schwarze Raupe ist dicht mit langen, schwarzen und kurzen, rotbraunen Haaren besetzt. Im Fühling spinnt sie sich unter den Blättern der letzten Fraßpflanze zur Verpuppung einen Kokon.

links Männchen
rechts Weibchen

J	F	M	A	M	J
J	A	S	O	N	D

Zimtbär

Phragmatobia fuliginosa

Spannweite:
3,4–4 cm

Beschreibung:
Dunkel rötlichbraun, Hinterflügel vorwiegend schwarz. Jeder Flügel mit kleinem, schwarzem Fleck. Weibchen größer

Überwinterung:
Raupe

Flugzeit:
Frühlingsende bis Frühsommer, im Süden auch Spätsommer bis Herbstbeginn

Fraßpflanzen der Raupe:
Viele niedere Pflanzen, beispielsweise Ampfer *(Rumex)*

Dieser recht häufige Falter ist in ganz Europa zu Hause, kann in einigen Gegenden aber auch nur stellenweise verbreitet sein. Sein Lebensraum erstreckt sich insbesondere auf lichte Wälder und Wiesen. Im Süden kann es zwei Generationen geben, wogegen im kühleren Norden nur einmal Eier abgelegt werden. Nach dem Überwintern verpuppt sich die Raupe in einem Kokon am Erdboden, der in der Regel unter Laubstreu versteckt ist.

Raupe

J	F	M	A	M	J
J	A	S	O	N	D

Weißer Bär

Spilosoma lubricepeda

Spannweite:
3–4,2 cm

Beschreibung:
Variables Muster aus kleinen, schwarzen Punkten auf weißem Untergrund. Leicht am gelben Abdomen zu erkennen. Geschlechter gleich

Überwinterung:
Puppe

Flugzeit:
Frühlingsende bis Frühsommer

Fraßpflanzen der Raupe:
Fast alle niederen Pflanzen

Diesen sehr häufigen Falter kann man in fast jedem Lebensraum in ganz Europa antreffen, wobei sein bevorzugter Aufenthaltsort jedoch offenes Gelände ist. Er fliegt nachts und wird sehr leicht von Lichtern angelockt. Die mit vielen Haarbüscheln besetzte Raupe stellt zur Verpuppung einen Kokon in der Nähe des Bodens unter Blättern oder Laubstreu her. Bei günstigem Klima schlüpft im Herbst noch eine zweite, partielle Generation.

Raupe

J	F	M	A	M	J
J	A	S	O	N	D

Blutbär

Tyria jacobaeae

Spannweite:
3,2–4,2 cm

Beschreibung:
Vorderflügel schwarz, am Außenrand roter Streifen und zwei Flecken. Hinterflügel rot, mit schwarzem Rand. Geschlechter gleich

Überwinterung:
Puppe

Flugzeit:
Frühlingsende bis Frühsommer

Fraßpflanze der Raupe:
Kreuzkraut *(Senecio)*

Dieser Falter bewohnt zwar ganz Europa, ist aber nicht besonders häufig. Die hauptsächlich nachtaktive Art wird manchmal am Tag aufgescheucht und kann dann aufgrund ihres schwachen Flugs und der leuchtenden Farben leicht beobachtet werden. Die helle Färbung der Imago und der Raupe stellt eine Warntracht dar, die Freßfeinde abschrecken soll. Die Raupe stellt zur Verpuppung auf oder unter dem Boden einen Kokon her.

Raupe

J	F	M	A	M	J
J	A	S	O	N	D

Weißfleckwidderchen

Syntomis phegea

Spannweite:
3,5–4 cm

Beschreibung:
Schwarz, blau überzogen. Vorderflügel mit sechs, Hinterflügel mit 2–3 gräulichen Flecken. Körper schwarz mit zwei gelben Ringen. Geschlechter gleich

Überwinterung:
Raupe

Flugzeit:
Frühsommer bis Sommermitte

Fraßpflanzen der Raupe:
Löwenzahn *(Taraxacum)* und viele andere, niedere Pflanzen

Ähnliche Art:
Wickenwidderchen

Dieser Falter ist in Südeuropa außer Spanien stellenweise verbreitet und kommt auch in Mitteleuropa vor. Die tagaktive Art bevorzugt trockenes, sonniges Grasland und lichte Wälder bis etwa 2000 m Höhe. Sein Habitus ähnelt dem des Wickenwidderchens aus einer anderen Familie. Die Raupen überwintern in Gruppen im Gespinst und trennen sich im Frühling. Ihren Kokon am Boden unter Laubstreu dekorieren sie mit ihren Haaren.

Raupe

J	F	M	A	M	J
J	A	S	O	N	D

Bienenglasflügler

Sesia apiformis

Spannweite:
3,5–4,5 cm

Beschreibung:
Flügel durchsichtig, mit gelblichbraunen Rändern. Körper gelb und dunkelbraun gestreift. Geschlechter gleich

Überwinterung:
Raupe

Flugzeit:
Frühlingsende bis Sommermitte

Fraßpflanzen der Raupe:
Pappel *(Populus)*, das Innere von Stämmen, Stengeln und Wurzelstöcken

Dieser Falter bewohnt außer Schottland und Nordskandinavien fast ganz Europa. Er lebt an Rändern und auf Lichtungen feuchter Wälder und ist mit seinem bienenartigen Aussehen ein Paradebeispiel für Mimikry. Die Entwicklung der cremegelben Raupe dauert zwei Jahre, bevor sie sich unter Baumrinde verpuppt. Die Puppe schiebt sich vor dem Schlüpfen der Imago aus dem Schlupfloch, die leere Puppe bleibt in der Rinde stecken.

Leere Puppe

J	F	M	A	M	J
J	A	S	O	N	D

Canephora unicolor

Spannweite:
2,5 cm

Beschreibung:
Männchen unscheinbar dunkelbraun, Flügel und Körper behaart. Weibchen raupenartig, flügellos

Überwinterung:
Raupe

Flugzeit:
Früh- bis Spätsommer

Fraßpflanzen der Raupe:
Verschiedene Gräser sowie Geißklee *(Cytisus)*

Dieser Falter ist außer im hohen Norden in ganz Europa zu finden. Die Raupen stellen mit verschiedenen Materialien verkleidete Schutzgehäuse her, die die raupenähnlichen, bein-, flügel- und augenlosen weiblichen Falter nicht mehr verlassen. Von den geflügelten Männchen, die am Nachmittag und frühen Abend umherfliegen, werden die Weibchen in diesem Raupensack begattet. Sie legen ihre Eier an seiner Außenseite ab.

Weibliche Raupe

Männliche Raupe

Männliche Imago

J	F	M	A	M	J
J	A	S	O	N	D

Adscita statices

Spannweite:
2,5–3 cm

Beschreibung:
Vorderflügel dunkel metallischgrün. Hinterflügel hellgrau, leicht durchscheinend. Geschlechter gleich mit Ausnahme der Fühler

Überwinterung:
Raupe

Flugzeit:
Frühlingsende bis Sommermitte, je nach Gebiet

Fraßpflanze der Raupe:
Sauerampfer *(Rumex)*

Dieser kleine, häufige Falter ist außer im hohen Norden in ganz Europa zu Hause. Die tagaktive Art bewohnt vorzugsweise feuchte Wiesen sowie lichte Wälder bis in etwa 1500 m Höhe. Sie besucht sehr gerne Blüten. Die Fühler der männlichen Imago sind relativ lang und kammartig geformt. Die sehr hellgelbe oder -grüne Raupe ist mit braunen, kurzbehaarten Höckern bedeckt. Sie frißt nur die Unterseite von den Blättern ihrer Fraßpflanze.

Fühler des Männchens

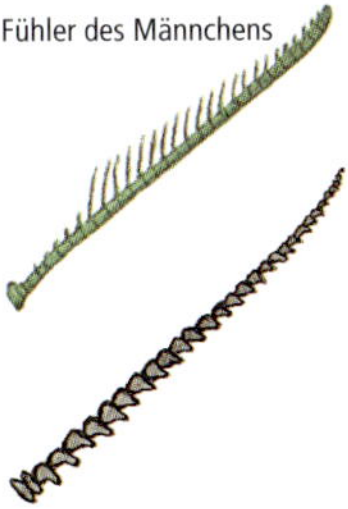

Fühler des Weibchens

J	F	M	A	M	J
J	A	S	O	N	D

Wickenwidderchen

Zygaena ephialtes

Spannweite:
3–4,5 cm

Beschreibung:
Schwarz, bläulich überzogen, rot und weiß, gelb oder gelb und weiß gefleckt . Am Körper nur ein rotes oder gelbes Band. Geschlechter gleich

Überwinterung:
Raupe

Flugzeit:
Früh- bis Spätsommer

Fraßpflanzen der Raupe:
Kronwicke *(Coronilla)* und verwandte Pflanzen

Ähnliche Art:
Weißfleckwidderchen

In fast ganz Mittel- und Südeuropa findet man diesen Falter in trockenem, sonnigem Grasland und an Waldrändern bis in etwa 1500 m Höhe. Die sonnenliebende Art ist an ihrem langsamen, trägen Flug zu erkennen, wenn sie sich von Blüte zu Blüte bewegt. Die Färbung des Falters ist sehr variabel. Vom Weißfleckwidderchen ist er dadurch zu unterscheiden, daß die Hinterflügel meist einfarbig rot sind und der Körper nur eine Binde trägt.

Raupe

J	F	M	A	M	J
J	A	S	O	N	D

Gemeines Blutströpfchen

Zygaena filipendulae

Spannweite:
3–3,8 cm

Beschreibung:
Schwarz, bläulich überzogen. Vorderflügel jeweils mit sechs roten Flecken. Hinterflügel rot mit schwarzem Rand. Geschlechter gleich

Überwinterung:
Raupe

Flugzeit:
Frühsommer

Fraßpflanze der Raupe:
Hornklee *(Lotus)*

Dieses vermutlich häufigste Blutströpfchen ist mit Ausnahme des hohen Nordens und Südspaniens in fast ganz Europa beheimatet. Es bewohnt Blumenwiesen und andere Graslandschaften bis in 2000 m Höhe. Seine hellgrüne, schwarz gepunktete Raupe hat einen schwarzen Kopf. Ihre Verpuppung erfolgt in einem strohfarbenen Kokon an der Spitze eines Grashalms. Raupe und Imago können eine giftige Flüssigkeit produzieren.

Falter bei der Paarung

Gemeines Blutströpfchen bei der Abgabe von Gift

J	F	M	A	M	J
J	A	S	O	N	D

Zygaena purpuralis

Spannweite:
2,8–3,5 cm

Beschreibung:
Vorderflügel schwarz, mit drei langen und breiten, roten Streifen. Hinterflügel rot, mit feinen schwarzen Rändern. Alle Flügel leicht durchscheinend

Überwinterung:
Raupe

Flugzeit:
Früh- bis Spätsommer

Fraßpflanze der Raupe:
Thymian *(Thymus)*

Mit Ausnahme von Spanien und Westfrankreich lebt dieser Falter in fast ganz Mittel- und Südeuropa. Wie alle Blutströpfchen ist diese Art tagaktiv, und die Falter besuchen sehr gerne sonnenbeschienene Blumenwiesen bis in eine Höhe von etwa 2000 m. Hier finden sie ihre Fraßpflanze. Die ausgewachsenen Raupen verpuppen sich in stabilen, strohfarbenen Kokons, die in der Nähe des Erdbodens unter Blättern versteckt sind.

Raupe

J	F	M	A	M	J
J	A	S	O	N	D

Weidenbohrer

Cossus cossus

Spannweite:
7–9,5 cm

Beschreibung:
Hell gräulichbraun, in Körpernähe heller, Flügel mit feiner dunkler Strichzeichnung. Weibchen viel größer

Überwinterung:
Raupe

Flugzeit:
Frühsommer

Fraßpflanzen der Raupe:
Besonders Pappel *(Populus)* und Weide *(Salix)*

Dieser große Nachtfalter ist mit Ausnahme des hohen Nordens in ganz Europa verbreitet. Sein bevorzugter Lebensraum sind sommergrüne Wälder sowie alte, aufgegebene Obstgärten bis in 2000 m Höhe. Die rosagelbe, am Rücken rotbraune Raupe hat einen starken Ziegengeruch. Sie benötigt drei Jahre für ihre Entwicklung. Die Raupen bohren sich in Baumstämme und verpuppen sich häufig direkt im Stamm in einem Kokon.

Raupe

J	F	M	A	M	J
J	A	S	O	N	D

Blausieb

Zeuzera pyrina

Spannweite:
4,5–7,5 cm

Beschreibung:
Weiß, leicht durchscheinend, schwarz gefleckt, Adern gelb. Weibchen viel größer mit langem, harmlosem Eilegerohr (Ovipositor)

Überwinterung:
Raupe

Flugzeit:
Sommermitte bis Spätsommer

Fraßpflanzen der Raupe:
Viele sommergrüne Bäume

Dieser häufige Nachtfalter bewohnt alle baumbestandenen Landschaften in ganz Mittel- und Südeuropa: sommergrüne Wälder, Obstgärten, Gärten und sogar Alleen. Die Raupe ist dunkelcremefarben, hat einen braunen Kopf und ist mit schwarzen Punkten gezeichnet. Sie benötigt 2–3 Jahre für ihre Entwicklung. Die Raupe bohrt sich unter der Rinde am Baumstamm entlang, ihre Verpuppung erfolgt meist direkt in ihrem Fraßgang.

Männchen

Raupe

J	F	M	A	M	J
J	A	S	O	N	D

Hopfenwurzelbohrer

Hepialus humuli

Spannweite:
4,5–7 cm

Beschreibung:
Männchen einfach silbrigweiß. Weibchen hellstrohfarben, Vorderflügel etwas dunkler gestrichelt

Überwinterung:
Raupe

Flugzeit:
Frühsommer bis Sommermitte

Fraßpflanzen der Raupe:
Wurzeln verschiedener Gräser

Dieser in ganz Europa häufige Nachtfalter bewohnt unterschiedliche Graslandschaften, meist im Tiefland, gelegentlich bis in etwa 2000 m Höhe. Er ist in der Abenddämmerung aktiv. Das Männchen schwebt dicht über dem Boden auf der Stelle und wartet auf Weibchen. Nach der Paarung legt das Weibchen die Eier im Flug ab. Die hellgelblichbraune, dunkelbraun gepunktete Raupe verpuppt sich in einer Kammer unter der Erde.

Männchen

Weibchen

J	F	M	A	M	J
J	A	S	O	N	D

Hepialus luplinus

Spannweite:
2,7–4 cm

Beschreibung:
Dunkelbraun, Vorderflügel weiß gefleckt. Weibchen größer und heller

Überwinterung:
Raupe

Flugzeit:
Frühlingsende

Fraßpflanzen der Raupe:
Wurzeln verschiedener Gräser und anderer Pflanzen

Dieser Nachtfalter ist außer im hohen Norden in ganz Europa verbreitet. Sein Lebensraum erstreckt sich auf Wiesen sowie Gärten und andere Kulturlandschaften. Wie beim Hopfenwurzelbohrer werden die Eier im Flug abgelegt. Die hellbraune, mit dunkleren Punkten gezeichnete Raupe benötigt in kälteren Regionen für ihre Entwicklung zwei Jahre. Da sie die Wurzeln verschiedenster Pflanzen frißt, kann sie zum Schädling werden.

Männchen

Weibchen

J	F	M	A	M	J
J	A	S	O	N	D

Hepialus sylvina

Spannweite:
2,7–4,5 cm

Beschreibung:
Männchen orangebraun, Vorderflügel mit weiß umrandeter, dunkelbrauner Zeichnung. Weibchen dunkelgräulichbraun, mit weißen Linien gemustert

Überwinterung:
Raupe

Flugzeit:
Sommermitte bis Spätsommer

Fraßpflanzen der Raupe:
Wurzeln verschiedener Gräser und anderer Pflanzen

In ganz Mittel- und Südeuropa ist dieser Nachtfalter recht häufig. Er bewohnt im Tiefland gelegene Grasflächen, Gärten und Kulturland. In der Dämmerung sieht man ihn bei seinem Hochzeitsflug. Das Weibchen legt die Eier im Flug. Die schlüpfenden Raupen sind gräulichweiß und haben zwei Reihen stoppelig behaarter Warzen. Sie können zu Schädlingen werden. Sie verpuppen sich unter der Erde in zigarrenförmigen Kokons.

Männchen

Weibchen

ARTENREGISTER

Auf einen Blick:

Schmetterlingsfamilien, die in diesem Buch beschrieben sind

Dickkopffalter S. 11–27

Schwalbenschwänze S. 28–31

Eulenspinner S. 151–152

Nachtpfauenauge S. 177–179